静下来

一切都会好

陶尚芸 编著

台海出版社

图书在版编目（CIP）数据

静下来，一切都会好/陶尚芸编著. —北京：台
海出版社，2014.7（2019.1重印）
ISBN 978-7-5168-0396-7

Ⅰ．①静…　Ⅱ．①陶…　Ⅲ．①人生哲学－通俗读物
Ⅳ．①B821-49
中国版本图书馆CIP数据核字（2014）第160334号

静下来，一切都会好

编　　著：陶尚芸	
责任编辑：侯　玢	装帧设计：飞　鸟
版式设计：刘　伟	责任印制：蔡　旭

出版发行：台海出版社

地　　址：北京市东城区景山东街20号，　　邮政编码：100009

电　　话：010－64041652（发行，邮购）

传　　真：010－84045799（总编室）

网　　址：www.taimeng.org.cn/thcbs/default.htm

E-mail：thcbs@126.com

经　　销：全国各地新华书店

印　　刷：北京柯蓝博泰印务有限公司

本书如有破损、缺页、装订错误，请与本社联系调换

开　　本：150×210　　1/32	
字　　数：170千字	印　　张：7.75
版　　次：2014年10月第1版	印　　次：2019年1月第13次印刷
书　　号：ISBN 978-7-5168-0396-7	
定　　价：29.80元	

前　言

　　有人说，现代社会中大千世界的众生相就是忙碌、盲目和茫然。的确，我们每天都被无数种嘈杂的声音和疲惫的尘埃紧紧缠绕着，它们如饥似渴地吞噬着我们的青春、折磨着我们的身心，让我们苦不堪言。我们无法在尘世中静下心来生活和工作，无法静下心来感受和体验，也无法静下心来思考与计划，因此幸福也变得遥不可及。在漫漫的人生旅途中，我们随时需要静下心来，从忙碌、盲目和茫然的世界中退后一步，让内心回到安静的状态，从而赶走身边的无奈，驱散周围的喧嚣，抚平疼痛的伤口，迎接幸福的未来。只要我们学会静下来，送自己一颗安静的心，幸福就会与我们共鸣，和我们一起扭转人生。

　　静下来，是一种生活方式。痛苦的时候静下来，可以探究苦痛的根源，培育愉悦的心境。烦乱的时候静下来，可以摆脱扭曲和误解，从束缚中体会自由。迷惘的时候静下来，可以抛弃执着的预想，分享当下的幸福。

　　静下来，是一种心灵模式。心静了，就可以整理一下自己的心情，拂去心灵的蒙尘，在忙碌中安享内心的平静，一切困惑与迷茫都将豁然开朗，我们将会收获满满的幸福。因为心静则无欲，无欲则平和，平和则幸福。

静下来，是一种工作福利和生命奖赏。工作是一个练习让心智完整的时机，完完全全地专注在手头上的工作，以使自己达到忘我的状态，那是让内心的平静与平和来引导财富旅程的幸福时刻。

静下来，是一种人生格局与梦想载体。静下来，不再去想那些付出没有回报的徒劳，不再去回忆那些地老天荒的誓言，不再去迷恋那段轰轰烈烈的爱恋，不再去顾忌那些所谓的得与失。一切的人与事、情与仇、爱与怨，只会轻轻划过，悄然散落在悠悠岁月的淡淡斑纹中，淡了，再淡，淡出记忆，淡出知足。

静下来，是一种成功策略与幸福方法。静下来，洗涤生活的无奈与感情的失意，自己给自己找乐子，拒绝太多的恩怨思绪，拒绝太多的占有欲望，拒绝太多的伤感埋怨，拒绝太多的挣扎徘徊，即便泛起那一点点心灵涟漪，也会储存得温温顺顺、平平静静。

本书从静下来生活、静下来感受、静下来工作、静下来积累、静下来思考、静下来计划、静下来反省等几个方面进行阐述，用优美的文字带给人们一份安静的阅读体验，帮助人们在忙碌中得享内心的平静，收获人生的幸福。

　　静下来，我们的思绪不再乱窜，我们的情感不再流离失所，我们的心情不再跌荡起伏。一切烦躁与沉闷都会悄悄地匿迹，静静地消失，安静且唯美。那种静谧的感觉，是快节奏生活中最惬意的心灵释放和最精妙的灵魂洗涤。

　　静下来，听听音乐，看看小说，望望风景，数数星星；静下来，浇浇花草，照照镜子，翻翻照片，理理思绪。静下来，你会感到冰冷从身边逃走的身影，你会听到温暖从心头划过的声音，那是安详、安静与安宁赐给你的叮咛与祝福。原来——静下来的感觉如此美妙！

陶尚芸

目 录
CONTENTS

第一章　静下来生活，日子就该好好过 ●●

古印第安人有一句谚语："别走得太快，等一等灵魂。"
与古老的印第安人相比，现代社会中忙碌的人们就像一个个旋转不停的陀螺，
来不及感受生活中所发生的一切，这一切就被瞬间翻过。
让我们静下来过日子，让心灵腾出感知幸福的空间，
追随生活中的千般风情和万般惬意吧！

第二章　静下来感受，想象一下自己有多幸福 ●●

幸福是什么？

幸福就是一碗水，一碗装满宁静和闲适的清水；

幸福就是一种满足，一种接近或实现理想后的心灵的满足和淡定。

一个人在农田里满头大汗地劳动，可是他的心里很甜蜜，他就是幸福的；

另一个人在花园里自由自在地散步，可是他的心里很烦躁，他就是不幸福的。

第三章　静下来工作，蜗牛爬坡才能赢在职场 ●●

现实生活中，

也许我们的工作没有多大的趣味，也许我们的事业缺乏应有的挑战；

也许我们的加班得不到可观的报酬，也许我们的表现得不到上司的认同。

即便如此，我们也应该努力让自己体验到更多的工作幸福感。

与其感叹工作的种种不如意，不如静下心来好好工作，

并细细品味其中的美妙滋味。

第四章　静下来积累，最珍贵的财富就在不远处 ●●

人生的财富有两类：

一类是物质财富，拥有它的人如果只是徒有其表，

内心空虚不已，那也不算是真正的富有；

另一类是精神财富，拥有它的人懂得提高自己的精神境界、

实现自己的人生价值，那么这是他一生的财富。

人的一生就像一条蜿蜒的道路，财富就是路边的风景，

只有拥有好看的风景，人生之路才显得不那么曲折和艰难！

第五章 静下来思考，扭转人生不只是传说 ●●

"非淡泊无以明志，非宁静无以致远。"

我们只有静下心来，让自己的心灵驻足于宁静的一角，

静静地思考自己人生的坐标，才能在喧嚣的尘世中不断地反省自己，

明确自己人生的目标，做到内外和谐，表里如一。

第六章 静下来计划，行动才能快起来 ◐

计划是人们行动的蓝图，是量化了的人生梦想。

我们今天的生活状态，不是我们今天的所作所为的结果，

而是我们过去生活计划的结晶。

我们明天的生活状态，不是我们明天的所作所为的结果，

而是我们今天生活计划的结晶。

今天不计划，明天就茫然，有计划的人生才算得上是有梦想的人生。

第七章　静下来反省，你不必总是手忙脚乱 ●●

你可以在花香四溢的春季里反省，要好好努力奋斗；

你可以在浓荫蔽日的夏季里反省，要好好预约成功；

你可以在金灿灿的秋季里反省，要好好收割庄稼；

你可以在雪落无声的冬日里反省，要好好庆祝宁静。

生活中不能没有反省，让反省的花朵适时绽放，

让它的芬芳驱赶你的紧张和不知所措，直到有一天攀上幸福的云端！

CHAPTER 1
第一章
静下来生活，日子就该好好过

古印第安人有一句谚语："别走得太快，等一等灵魂。"与古老的印第安人相比，现代社会中忙碌的人们就像一个个旋转不停的陀螺，来不及感受生活中所发生的一切，这一切就被瞬间翻过。让我们静下来过日子，让心灵腾出感知幸福的空间，追随生活中的千般风情和万般惬意吧！

生活从来不完美，日子一定要静美

在日常生活中，追求完美者数不胜数。他们害怕犯错、害怕缺陷、害怕遗憾、害怕不完美，以至于患得患失，纠结于无伤大雅的细枝末节，有的人容不得自己的生活出现半点差错，否则就会大呼小叫，有的人不允许自己的仪容有半点瑕疵，否则就会歇斯底里……他们把生活想象得非常完美，也要求自己生活得十全十美。实际上，这种对生活苛求完美的态度是极不现实的奢望，常常会打乱本来虽然有某些缺憾却平静而美好的生活。

（1）不完美也是一种美丽

有这样一则古老的民间故事：

从前，有一个农民，他在耕田的时候捡到了一颗美丽的大珍珠，但是，他是一个追求完美的人，他看到珍珠上面有个小小的斑点，就觉得很遗憾。他想："如果想办法除去这个斑点，它该是多么完美呀！"于是，他刮去了珍珠的一部分表层，遗憾的是，斑点还在；他又狠心刮去一层，斑点依旧存在。于是，他一层一层地刮下去。最后，斑点不见了，而珍珠也没有了。从此，这个人一病不起，临终前，他无比懊悔地对家人说："真的后悔当初的我太过追求完美，我如果不去计较大珍珠上那个小斑点，那颗美丽的大珍珠现在还在……"

上面的故事告诉我们，过分追求完美即是不懂得珍惜眼前的生活，不善于享用当下的幸福，不知道会错过多少财富，辜负多少美丽。

俗话说："金无足赤，人无完人。"太阳有东升西落，月亮有阴晴圆缺，错误与缺憾本就是生活的一个组成部分，只有经历过无数次的失败与遗憾，才能在风雨之后看到彩虹。过于执着且不肯变通，必然陷入完美主义的心理误区，最终会一次次与机遇擦肩而过。

很多时候，我们都在追求所谓的完美，想要拥有完美的亲情、友情、爱情，想要拥有完美的职业、事业、人生，其实，完美有时候只是一种"高处不胜寒"的迷惘，而不完美则是"昨夜西风凋碧树"的觉悟与清醒，正是某些不完美使一个人清楚地看到前方道路的曲折，道路旁边的荆棘，这样才能找到自己的定位，实现自己的人生价值。

当然，满足于不完美，并不代表我们变得自暴自弃或者无所事事。有志之人总是喜欢追求完美的人生境界，他们善于经过奋斗把不完美变得完美一些。我们所谓的完美，不过是在种种缺憾美对比之下的完美而已。接受不完美，让自己更加完美，这是生存的智慧、幸福的方法、快乐人生的源泉。

（2）人生因不完美而精彩

我们置身于一个不完美的世界，我们的生活本身并不完美，正是因为不完美，我们才努力追求完美，努力使这个世界变得更好，让自己的日子变得更美，因此我们要容忍生活的缺憾。在追求完美的道路上，我们应该允许自己犯错，更应该允许自己拥有一些缺憾与瑕疵，因为这样并不影响日子的安静和甜美。

法国卢浮宫里有一座美丽却失去双臂的大理石雕像——维纳斯。艺术家们开始着手为维纳斯恢复原貌，他们提出各种各样的方案：左手前伸，手中握有一个金苹果；左手应该握着一面盾牌，右手略前下垂，空手无物……可是，不管是何种姿态，都不能超越断臂之美，因为断臂不仅给人以美的享受，还散发出神秘气息，给人带来无穷的想象，吸引着众多审美的目光。这就是维纳斯的美丽，因残缺而散发的独特魅力。

在生活中，某些小小的缺憾并不能阻止人们张扬个性的魅力、彰显意志的力量、散发人性的光辉。比如有一个身材矮胖的女孩，但是性格开朗、善解人意、乐于助人，大家都很喜欢她，认为她是一个美丽大方的完美女孩；有一个略微有些口吃的男孩，但是经过坚持不懈的苦练，最后成为一名著名的演讲家。这些人在生活中并不会因为某个不完美的缺憾而止步。

（3）接受不完美才能发现快乐

生活中，有些人对自己寄予了很高的期望，如果达不到那个标准，则会有受挫感和失败感，从而让自己内心的烦恼搅乱了原本安静美好的生活。其实，希望一切都完美本是一件好事情，但是我们生活在一个缺陷非常明显的世界里。在这个不完美的世界总想要达到完美会导致许多问题，这是一种疯狂的生活方式，与我们想要的静美生活往往背道而驰。

从某种程度上来说，适度的完美主义能激发人朝着更好、更高、更快的方向发展，使我们这个世界变得更加美好。然而，过度的完美主义则会导致许多不必要的心理问题和生活问题产生。试想一下，如果一个人的目光只盯在不足和遗憾当中，甚至开始质疑自己的人生，自然无法发现生活中的快乐，无法体会当下已经拥有的幸福。

美国艺术天才希尔弗斯坦的作品《失落的一角》，是一本用简单黑白线条描绘的绘本，讲述的是一个失去一角的圆去寻找自己失落的一角，因为缺少这一角，它滚动的速度变得很慢，于是它一边唱歌，一边闻花香、和毛毛虫说悄悄话。终于有一天，它找到了这一角，它变得完美，滚动的速度变得很快，可是它再也不能一边唱歌，一边闻花香和毛毛虫说悄悄话了。

这个故事告诉我们：不完美的生活就是一个失去一角的圆，人们为了追求完美而奋不顾身地追逐、寻找失落的一角，在追寻的过程中，生命因为风雨和阳光的一路陪伴变得生动而美妙。然而，在生命的旅途中，我们不仅需要奔跑与寻梦，也需要休息和沟通，那是一种平静的美好。

不管你如何努力，也永远无法到达完美的彼岸。因此，请不要再苛求自己，而是要学会欣然接受生活的不完美、自己的不完美。请像这个圆一样，试着放弃那个让我们滚得太快的一角，学会停一停匆忙的脚步。你可以停下来听听父母的叮咛与唠叨、听听伴侣的埋怨与嘱咐、听听孩子的烦恼与欢笑。因为放弃这一角让你显得不完美，可是在这个不完美的外表下，你可以拥有静谧的快乐、静美的人生。当你接受生活的不完美时，当你接纳自己的不完美时，你才能真正体会到那些虽然微小却真实的快乐与生活的美好。

简单再简单，把生活慢慢享受

生活其实很简单，关键在于你用什么样的眼光去看待它。如果你用质疑和复杂的眼光去看，那么生活对你来说就是复杂的、迷乱的；如果你用简单和温暖的眼光去看，那么生活对你来说就是简单的、甜美的。简单是一种生活理念，生活简单了，幸福也就到来了。简单的幸福就是有和睦的家人、有温暖的阳光，这才是值得拥有的人生、值得享受的快乐。

有这样一则寓言故事：

传说中，有一名准天使，身上背负着幸福的使命，他必须在凡间帮助一个人，用这个人的幸福来换取他的考试合格证书，他才能成为一名真正的天使。

有一天，准天使蹲在一棵大树上寻找自己的目标。他透过一家人的窗户，看到那家人正在吃晚饭。男人是个气宇轩昂的人，举手投足间有着领导风范，他的妻子在给他盛汤，女儿乖巧地将一双筷子递给爸爸。

第二天，准天使问这个男人："你觉得自己是幸福的么？"男人想了想，说："不，我一点儿也不幸福。整天工作都快累死了，回到家就是吃饭睡觉，一点儿意思也没有。如果有可能，我真想成为世界上最幸福的人。"准天使听后，立刻施展自己的魔法，将男人拥有的一切全都拿走了。

第三天，准天使又问这个男人："现在你还想成为世界上最幸福的人么？"男人不假思索地说："不，我只想回到我以前的生活就可以了。"于是，准天使将男人的一切又都还给了他。

从此，这一家三口过着简单而快乐的生活。

（1）用简单的心看世界

在生活中，总有一些喜欢把本来很简单的事情弄得非常复杂的人。比如，有的人在接到一个项目的时候，不管事情大小，非得先搞一个声势浩大的阵容，动辄就成立什么专门的领导小组，到最后机构成立了一大堆，方案做出来一大摞，等到真正实施的时候却举步维艰，事倍功半。这样的做法劳民伤财，却一无所获，罪魁祸首就是不能以简单的心来看待生活、看待世界。

曾经听过这么一则校园励志小故事：

在一所大学的毕业典礼上，校长突然向毕业生们提出了一个要求："恭喜同学们，终于学有所成，今天就要毕业了！对于你们的离校，我非常不舍，但还是希望你们能够顺利踏入社会，找到一份美好的工作，为自己、为家人、为社会、为国家做贡献。在你们离开学校之前，我想请大家配合我做一个小小的游戏，这个游戏的名字叫作"障碍赛"，希望它能在带给你们快乐的同时，可以对你们的未来有所启示。"

于是，在大家的期待中，校长命令几个男生在礼堂中间拴起一高一低两根绳子，然后在讲台上摆了几把椅子，便宣布了游戏规则：参加游戏的同学要把眼睛蒙上，先钻过高的绳子，然后跨过低的绳子，然后从椅子中间穿过，走上讲台。在这整个过程中，他们身体的任何一个部分都不能接触到障碍物，否则将会被判为失败，但是游戏之前可以睁着眼睛走两遍试一试感觉。

游戏正式开始了，五位同学都被蒙上了眼睛。第一位同学小心翼翼地终于跨过了最低的绳子要走上讲台了，却被椅子绊得一个趔趄。同学们哄堂大笑，其余的四位同学听到响动和笑声，顿时全都紧张起来。

后来，剩下的四位同学陆续开始上场。观众们不断地起哄，不断地误导他们："把脚抬高一点"、"弯腰，再弯一些，还不够"、"向右，小心快碰到椅子了"……

其实，校长早就示意大家撤去了所有的绳子，也搬走了所有的椅子，参加游戏的同学们面前已经没有任何障碍物了，而他们还凭着自己脑子里的印象做出那么谨慎而夸张的动作，让大家大笑不已。

最后，五位同学站在讲台上取下蒙着眼睛的手绢。当他们看到空荡荡的礼堂时全都愣住了，不过他们马上就明白怎么回事了，也都不好意思地笑了。

一场哄闹过后，校长说："你们就要走向社会了，临走之前我也没有什么礼物能够送给你们的，只是想通过这个游戏让你们明白：在人生的道路上其实没有那么多障碍，生活其实没那么复杂，人生中的最大障碍其实在你们自己心中。"

这个故事告诉我们，用简单的眼睛看世界，那么这个世界上所有的事情都是简单而和谐的。我们活在这个世界上，只是需要一些能把万事万物都看得简单的思维，就能够使复杂变得简单。只有简单一些，才能够让生活井井有条。

（2）学会享受简单生活

有人说，生活就像是一团乱麻，纠纠缠缠全是一些解不开的疙瘩；也有人说，生活是一张白纸，可以任由我们涂染自己喜欢的颜色。其实生活就像道理一样，越是简单才会越容易被把握，简单的生活最终还是来源于我们自己的内心。如果你对生活有着很高的要求，最后必定会被生活所累；而如果你怀着一颗简单的心对待生活，那么你就会收获轻松的心情，享受闲适的人生。

从前，有一个老爷爷，留着很长很长的花白胡子，他喜欢在没事的时候坐在家门口晒太阳，眯着眼睛，捋着胡子，享受着温暖的阳光，觉得无比惬意。

有一天，邻家的小男孩看到他这副悠然自得的样子，走到他跟前问了一个想了很久的问题："老爷爷，您的胡子这么长，那您晚上睡觉的时候是把它放在被子外面呢，还是放在被子里面？"老爷爷愣了一下，思索了很久也不知道他晚上到底是怎么放的，他只得告诉小男孩："等我今天晚上睡觉的时候看一下，明天再告诉你吧。"

到了晚上，老爷爷翻来覆去地睡不着觉。原来，当他把胡子放在被子外面的时候，他觉得很不舒服，于是没过多大会儿就把胡子放进了被子里面。可是过了一会儿他仍然觉得不舒服，好像以前并不是这么放的。老人不停地重复着把胡子拿出来再放进去，放进去再拿出来的动作。直到凌晨时分，外面的公鸡开始打鸣了，他也没有折腾出个结果来。

上面故事中的老爷爷，起先并没有在意睡觉的时候胡子放在哪里，自然也不会去烦恼这个问题；可是当这个问题被邻家小男孩提出来后，烦恼也就随之出现了。现实生活中的我们都是因为这样，才会把原本简单的问题变得复杂起来。因为有了烦琐的思考，所以才有了复杂的烦恼。

其实，我们的生活需要的是一个简单而轻松的旅程，而不是被复杂的生活理念驱赶着不情不愿地向前走，那样的话我们都会被生活所累。我们只有用一颗简单的心去看待生活，把握住自己生命的航向，让自己的心灵在生命的旅途中保持宁静和淡然的心态，自然就可以拥有一种透过复杂的现象看到生活本质的睿智和豁达，生活才会对我们显露它最简单的面目。简单的生活才是快乐的生活，它是一种宁静的心灵世界，是一种简约的生活品质，需要我们慢慢体会与分享。

每次聚会都唱K，何必死要面子活受罪

"死要面子活受罪"，这是一句很有寓意的生活俗语，把那种为了面子无所不用其极的窘态抒发得淋漓尽致。生活中，当你顾及面子的时候，可曾想过这样一些现实问题：面子能当饭吃吗？面子能让自己交到更多的朋友吗？面子能让我们成功吗？答案相信每个人都清楚。所以，很多时候，放下面子做人才是明智之举。因为面子不是来自于空洞的心灵和空虚的心态，而是自尊与自强的真情流露，要靠真才实学和真实本领来支撑与维护。

在《孟子》中有这样一个小故事：

在齐国，有一个中年男人，他在每次外出的时候，总是要等到酒足饭饱之后，才醉醺醺地回到家里来，并且还要在妻子的面前说，这些酒菜都是那些富人因为尊敬他而请他吃的。他的妻子觉得很感动，就让他哪天请那些富人回家吃饭，以示谢意。可是，男人总是把宴请富人的日子往后拖延，这让他的妻子感到非常诧异。有一天，他的妻子为了解开心中的疑团，等到丈夫再次出门的时候便悄悄地跟随其后。没过多久，妻子发现丈夫在城里几乎快要走了一遍，也没有人上前来跟他搭讪。最后，妻子跟着丈夫来到城外的坟地，看到他向前来祭奠的人讨一些剩饭剩菜和剩酒。这个时候，妻子才恍然大悟，原来自己的丈夫口中所说的富人就是上坟祭奠的人。

上面这个故事中的男人，他为了能够在妻子面前维护自己大男人的尊严，为了自己所谓的面子，竟然会向上坟祭奠的人讨要残羹剩饭，可以说是"死要面子活受罪"的典型代表。这与有的人为了争面子，明明自己五音不全，还要每次聚会都唱K的面子至上的行为，又有何不同呢？

（1）你不必过分在乎别人的眼光

鲁迅说过："我自己，是什么也不怕的，生命是我自己的东西。"鲁迅之所以会坚定不移地走自己的路，是因为他能看透这一切。别人的眼光是别人的东西，自己的人生才是自己的东西，没有必要为了关注别人的东西而失去了自己的东西，因为这往往是得不偿失的。

美国历史上有一位著名的军事家，他就是在菲律宾战役中获得赫赫功勋的麦克阿瑟上将，他当时去菲律宾参战是乘船去的。他在临走之前，说了这样一句豪言壮语："我是如何过去的，我还要如何回来。"

当战斗结束后，他准备乘飞机回国时，突然想起了自己曾经说过的话，这可怎么办呢？他想了想，派人去测量岸边海水的深度。等到他回国的那一天，他就把飞机降落在海水中。那些迎接麦克阿瑟的人看到他停在水中的飞机很是吃惊，他们还以为是飞机出了故障，被迫降落在了浅滩上。就在大家担心的时候麦克阿瑟却穿着高筒战靴，从容地从飞机的舷梯上走了下来。唯一让他想不到的是，由于当时的海水涨潮，水一直淹没到他的腰部，这所有的一切都没有让麦克阿瑟退却，他依然向着众人微笑，然后他说了一句："我证明了我的话，我是如何去的，又如何的回来了。"

　　故事中的麦克阿瑟上将，由于顾及自己的言行作风是出了名的一致的，他为了保持自己的作风，不失去自己的尊严，不惜让自己忍受接连穿几个小时湿衣服的痛苦。其实，他的赫赫战功已经给他挣足了面子，他真的没必要如此认真，让自己处于这种死要面子的痛苦之中。

　　生活中，很多人为了一点面子问题，要么让自己受罪，要么让亲人朋友陪着自己受罪。对于那些好面子胜过一切的人来说，损了他的面子比打他都难受，很多时候也正是为了挣回面子，和别人争个高低上下，拼个你死我活，想想都觉得不值得。作为社会中的个体，我们没有必要过于苛责别人，更没有必要让自己整天活在别人的眼光中，这样于人于己都是一种折磨。如果我们能够用一种宽容幽默的心态面对他人的挑剔眼光和负面评论，我们的生活可能会是另一种情形。

（2）放下所谓的面子，做真实的自己

在生活中，当你可以真正放下面子的时候，你会发现，自己可能因此而少了很多的烦心事，而你对你身边的人也越来越宽容，越来越平和了。同样，唯有放下面子，我们才能做一个真实的自己，我们才会让自己少一些为了面子而奔波的事情，多了一份更加舒心的生活。要知道，有时候面子其实什么都不是，它不能给我们带来任何实用的价值，我们应该培养一种平静的心态，不要过于顾及面子，做到拿得起、放得下，坦然面对、淡然处理。

雨轩从小就是一个每次考试都是第一名的优秀女孩，她一直以高标准严格要求自己，希望父母能够以她为荣，更希望听到别人对她的赞美。雨轩大学毕业参加工作以后，也是事事争第一，她在办公室对谁都不争执，有什么委屈难过，也不表现在脸上。如果上级对她有什么意见，她心里会非常难过，甚至同事给她一点意见，她也会很紧张，并争取下次做到准确无误。每次公司聚会表演节目的时候，她都会精心准备一首歌，并反复练习，直到没一点瑕疵，以便把自己最完美的一面展示给领导和同事们。

工作一年后，在年终聚会的时候，一个和她相处得不错的同事告诉她，有人在背后议论她很虚伪，太要面子，活得很累。雨轩听后很难过，她一下子觉得天塌了一样，仿佛世界末日来了。从那以后，雨轩变

得闷闷不乐，不爱与人交往，慢慢地，同事们也逐渐远离她。最后，由于孤僻影响同事间的配合，她被公司辞退了。

她伤心不已，不明白为什么一向优秀的自己，进入社会后会如此失败，整天在家唉声叹气。

上面案例中的雨轩，内心深处十分期盼被人认可和表扬，落实到行动中，就是过于要面子，她这样活着很累。其实，在大多数的情况下，也只有我们自己才知道我们内心深处最需要的是什么，最终的决定权是在我们自己手里。但是我们却常常畏惧于别人的眼光和言论，而不能真正无牵无挂地去做自己最想要的事情。

如果我们都能够在为人处世的时候，主动放下所谓的面子，放弃那些困住我们心灵的面子问题，有什么样的能力就做什么样的事情，有什么样的谱子就唱什么样的调子，这样就不至于活得太累，不至于活得太虚伪，在赢得别人尊重的时候，也能给自己的心灵减压。我们也只有学会让自己正视面子，认识到在自己的生活中，还有很多比面子更重要的事情，我们才能够放下那没有任何价值的面子，让我们的生活也多一份美好。

一个人活在这个世界上，你可以为了理想而活，为了事业而活，为了亲情和友情而活，但就是不能为了别人的眼光而活，如果你真的这样做的话，那你很可能就会媚俗，就会随俗，就会让自己像水中的树叶一样，随波逐流，失去了自己的个性，迷失了真实的自我。一个人活在这个世界上，真正的潇洒就是按着自己的性格、情绪、喜好、意愿去生活，在遵守社会秩序和基本道德的前提下，获得洒脱、自由和平静，让自己的人生成为一道独特的风景，而不是庸俗随众，死要面子，毫无个性。只有这样，人们才能真正追求自身内在的丰盈，活出一个真实的自我。

再苦的日子也要甜甜地过

生活的滋味是靠自己去调的，你往里面加盐，它就会变咸；你往里面加糖，它就会变甜。谁的人生都不可能是一帆风顺、一直甜美。只要生活继续下去，那就一定会有苦的滋味，但不论有多苦，我们都不可以执着于生活中的苦，而是需要换个角度来专注生活中的甜。那么，我们的人生就如同被泡在了蜜罐中，就算是苦日子也能甜甜地过。

（1）苦日子可以磨砺我们的生命

法国文学家罗曼·罗兰说过："只有体验痛苦的人，才能懂得人生的真正价值。"人生需要苦日子，苦日子磨砺人生，我们不要怕经历痛苦，而要珍惜所经历的苦难，因为我们的人生因苦日子而变得更加丰富与精彩，我们的生命因苦日子而变得更加深邃和博大。

帕格尼尼是一位音乐天才，8岁时他就能独自谱写小提琴曲，11岁时他在当地举行的演奏会大获成功，13岁时他开始旅行演出，多年后他的足迹遍布维也纳、德国、法国、英国各地。除了小提琴，他还演奏中提琴甚至吉他，他技艺精湛而高超，还曾担任过卢加宫廷乐队的小提琴独奏家，被人们誉为"小提琴之王"和"音乐之王"。

可是，鲜为人知的是，帕格尼尼曾经历尽了各种苦难的折磨。4岁时，他得了麻疹和昏厥症，这场来势汹涌的病症差点要了他的命；7岁时，他得了猩红热，差点和这个世界告别；13岁时，他患上了肺炎，每天通过大量放血来进行治疗；40岁时，他的牙床出了问题，整个牙床长满了脓疮，只好让医生拔掉了大部分的牙齿，牙病刚刚痊愈，他又患上眼病几乎失明；50岁后，关节炎、肠道炎、喉结核等多种疾病纷纷找上了他，他连声带都坏掉了，只能依靠小儿子根据他的口型翻译他的言语，可是，他还是选择笑着面对生活，继续勇敢地追求自己的事业。

帕格尼尼的故事感人至深，它告诫我们，不要抱怨生活给我们带来的磨难，也不要抱怨生命中遇到太多的曲折。我们也许没有力量去阻止苦难的来临，但是我们可以改变自己对苦难的态度。我们可以丢弃悲观失望的态度，用一种积极乐观的心态去面对生活中的苦痛。战胜了苦日子，我们就会站在命运的最高峰，甜蜜生活将不期而至。

（2）苦中作乐，再苦也要笑一笑

有些人觉得自己的日子过得苦，其实细想一下，谁的日子过得不苦呢？不同的是，有些人苦日子也能过甜，而有些人却总是将自己沉溺在苦中。很多时候，事情并没有我们想象中那么糟糕，是我们的想象力将事情的严重性扩大了。

生活中有一些人，面对苦日子依然能够自得其乐，就是因为他们懂得笑对人生。他们或者出身贫寒，或者没有机会接受高等教育，或者一直从事着基层工作，但是他们的脸上洋溢着甜蜜的笑容，没有丝毫的困惑与苦涩。他们从不嗟叹，从不抱怨，有的是对生活的积极乐观和明媚笑脸，在苦日子面前展示了生活的大智慧，因此他们的日子是甜美的。

有一个姑娘在公园的一个角落哭泣。此时，走过来一位年长者，他轻声地问："姑娘，你怎么了？为什么哭得这么伤心？"姑娘抽搐着回答说："我刚才和男朋友分手了，我们是从小青梅竹马一起长大的，已经有了将近8年的感情！可是他说分就分了，头也不回，我当然很伤心。"听了姑娘的回答，年长者却出人意料地哈哈大笑起来，还说："是这样啊，可这是件好事情啊，你怎么会哭呢？真是笨哪！"姑娘听了这话，非常生气地说："你这位老人家怎么这样，我遭受了这么大的打击，你不安慰我也就算了，怎么还指责我？"年长者回答："因为你根本就不用难过啊，真正该伤心的是他才对。你只是失去了一个不爱你的人，可他却失去了一个深爱他的人！"姑娘听了豁然开朗，停止了哭泣。

在我们的日常生活中，会有很多烦恼和痛苦，就像故事中的姑娘一样。其实，我们不必时刻纠缠于表面的不幸或挫折，有时候只需要换个角度来想一想，就会有不一样的感受。日子是苦是甜，取决于人的内心。假如你认为自己的生活无药可救，那么你的一生就会在穷困潦倒中度过；假如你觉得自己的生活可以有所改变，那么就能够坦然面对任何困难。如果我们能够苦中作乐，就会发现困难其实不过如此，苦中作乐是一种人生境界和生活态度，掌握了它你的人生便能无往不胜，你的生活便能有滋有味。

（3）细细品尝，苦也是甜

每个人的人生都不可能四季如春，如果生活中没有苦难，就难以感受甜蜜；如果生活中没有挫折，那么成功时便少了一份喜悦；如果生活中没有沧桑，那么人们就会缺乏一份同情心。因此，我们经历了春天的温暖，就必须等待夏日的烈火考验，收获了秋天的果实，就必须忍耐冬日的严寒。春秋的日子固然甜蜜，冬夏的光阴也不可拒绝，酷热与严寒如同生活中的不幸与苦难，只要你以平静、淡定的心态去面对，细细品尝其中的滋味，那么你的生活虽苦犹甜。

她曾经是一位美国富家小姐，从小过着锦衣玉食的生活，什么事情都不用操心。她还养成了一个习惯：每天都要喝下午茶。不幸的是，后来由于种种原因家道中落，她不再是被人家侍候的千金小姐，而是沦为了一个到乡下挖鱼塘、清粪桶的人。很多年以后，她早已不再是当年的那个她，岁月带走了她姣好的容颜，时光粗糙了她娇嫩的双手。可是，喝下午茶的习惯却依然没有改变，她总是怡然自得地享受着那份独有的愉悦，浑然忘记自己曾经受过的苦难，享受着点点滴滴的甜蜜生活。

　　故事中的千金小姐，在家道中落后还依然保持着那种有情调的生活，这种精神实在让人感动。如果人人都能够以她这样的心态来面对苦难和挫折，那就没有什么困难能够打倒我们了。其实，日子苦并不可怕，可怕的是人的心苦；受挫也并不可怕，可怕的是从此一蹶不振。所以，不论何时何地何种状况，我们都应该提醒自己：只要信念还在，人生旅途就会继续，只要乐观的精神还在，人生便会充满甜蜜的滋味。

得之淡然，失之坦然，幸福自然来

　　平淡而简单的生活实际上是一种幸福的生活，只是有些人往往有太多的欲望，他们不断地追求金钱、名利、权势等等，这些欲望在自己的脑海中不断地翻腾着，往往会呈现出一波未平、一波又起的凌乱局面。若是我们想要做到坦然应对和淡然处之，就必须要让自己学会安顿自己的心灵，不以物喜、不以己悲。如果失败了，不用纠结，拍拍灰尘重新争取；如果犯错了，不用心碎，吸取教训及时改正；如果成功了，不必得意，百尺竿头更进一步；如果收获了，不必沾沾自喜，得失之间泰然处之。当你可以做到坦然地面对生活中的一切悲欢离合时，你便可以得到自己想要的幸福生活。

（1）得到时，淡然面对现实

　　生活中，我们有时会看到这样的现象：当一个人取得成功的时候，他会欢呼雀跃，以最隆重的方式庆祝这一成绩。但如果是失败了，他便会失望懊恼，觉得自己被世界抛弃了，没有人爱自己，更没有人会关心自己此时的心情。在这种坏情绪的驱使下，他的心情开始更加低落，觉得任何人都在嘲笑和讽刺自己，甚至没有勇气再面对世人，于是选择结束宝贵的生命。这样的人，不能坦然面对人生中的得失，这是十分不明智的。

有些人总是欣喜于得到的东西，一包零食、一杯咖啡、一份礼物、一个帮助、一个微笑……每一次的得到都是对人生的充实，都是自我价值的实现，这并没有错。然而，有些人总是纠结于失去的绝望，失去友情、失去亲情、失去爱情、失去晋级、失去奖赏……失去其实不是残缺的代名词，并不意味着是不完美的人生。因为得到与失去之间、成功与失败、幸福和痛苦之间，只有一步之遥，我们不必将两者之间的界限划得如此分明，坦然和淡然才是最明智的心态。

要知道，人世间有很多事物，不管我们花了多大的力气，花费多大的心机，即便可以暂时拥有，也不能够长长久久，我们又何必为了这短暂的失去而让自己沉溺于长久的痛苦之中呢？如果我们一味地追逐获得，抑或死守现有的获得，就会身心疲惫，成为生活的仆人、心灵的奴隶！人生短暂，不可每天都轮回在得与失之间，流浪在快乐与痛苦之间，而是要以平常心面对一切，得之淡然，失之坦然，才能获得幸福的生活。

（2）失去时，坦然相信未来

坦然是一种平和的心境，当一个人能够坦然面对失败，面对失去却依然处变不惊的时候，他的人生之路上就会铺满鲜花。坦然，就是要求我们心态平和地面对一切，顺其自然地生活下去。坦然，有异于古代智者们提倡的"顺天而行"、"无为而治"，而是一种顺其自然的"有为"状态，不是任其发展，而是平静面对后做出必要的调整和纠正，因为人生中的磕磕绊绊不计其数，许多成败得失都不在我们的预料之中，也不在我们都能够承担的范围之内，但只要我们努力去改变，求得一份付出后的坦然心态，那么，我们也会得到一种别样的心安和快乐。

中国历史上的西楚霸王项羽乌江自刎的故事家喻户晓：

当年，项羽来到乌江边时，乌江亭长就已经撑好船等着他。亭长对项羽说："江东虽小，也还有方圆千里的土地，几十万的民众，也足够称王了，请大王急速过江。现在只有我有船，汉军即使追到这儿，也没有船只可渡。"项羽笑道："上天要亡我，我还渡江干什么？况且我项羽当初带领江东的子弟八千人浩浩荡荡渡过乌江向西挺进，如今却无一人生还，即使江东的父老兄弟怜爱我而拥我为王，我又有什么脸见他们呢？即使父老乡亲们不说，我项羽难道不会感到内心有愧吗？"项羽叹了口气，接着对亭长说："我知道您是忠厚的长者，这匹战马跟随我五年了，所向无敌，常常日行千里，我不忍心杀掉它，就把它赏给您吧！"于是命令骑马的都下马步行，手拿短小轻便的刀剑与敌人交战。

接下来就是一场敌强我弱的战斗，项羽一个人杀了数百汉军士兵，自己也受伤十多处。这时，聚集过来的汉军越来越多，其中就有项羽当年的旧部吕马童。项羽笑了，他大声地招呼说："这不是老朋友吗！"背楚降汉的吕马童难为情，不敢正视项羽，扭过头去对另一员汉将王翳说："这就是项王，这可是'新朋友'了。"项羽大声地说："听说贵国出大价钱，赏千金、封万户侯，买我的人头，我就送个人情给你吧！"说完，便一剑砍下自己的头颅。

这段故事中的项羽，虽然死得很壮烈，却也很凄惨，曾经让人闻风丧胆、不敢仰视的英雄，却在如此卑劣的争夺下死无全尸。说到底，项羽本可不死的，所谓"留得青山在，不怕没柴烧"，一次失败并不能代表永久，只要还有东山再起的机会，为什么不给自己留一条后路呢？不得不说，项羽将成败看得太重，倘若他能放下心中的自责，回到江东，一定还能打下一片属于自己的江山。

人生当中，身外之物何其多，你若得到了，希望能够坦然处置，切不可忘乎所以；你若失去了，希望不要大悲大痛，切不可妄自菲薄。如此这般，超过自我，笑看风云变化，拒绝挣扎与厮杀，才会不被身外之物所困，从而过上恬静、淡雅的平静生活，用完美的音符谱写和谐的人生乐曲。

不作死就不会死，何必自寻烦恼

俗话说，人生不如意事十之八九。任何人都会遇到烦心的事情，从平民百姓到达官贵人，从小商小贩到白领精英，谁都会碰上一些不如意的事情。一旦不如意，就会不高兴；一旦不高兴，就会烦躁不安。这种情绪再继续发展，就会成为烦恼。可自己的烦恼对于解决事情来说起不到一点作用，反而在发展到恼羞成怒以后还会给自己带来更大的烦恼。

（1）你不找烦恼，烦恼不会来找你

生活中，我们所遇到的烦恼，很多都是不可避免的。我们都是社会上的人，经常在社会中穿梭行走，不会有事事都合自己心意的情况出现。俗话说得好，"人在江湖飘，哪能不挨刀。"即使你是头顶吉星的神仙，也会有不小心跌下云头的时候，何况我们这些凡人。但还有一些烦恼，是可以避免的，或者说原本就是我们在自寻烦恼。

春秋时期的杞国，有一个胆子特别小的人。他整天神经兮兮的，经常问别人一些奇怪的问题，让人们觉得莫名其妙。有一天，他在自己家里没有事情干，左看右看，抬头看到了头顶的天。他突然想到：这么大的天，要是突然掉下来了该怎么办？我们岂不是通通都要被压死？

从此以后，他被自己的这个念头折磨得痛苦不堪，终日茶饭不思，忧愁烦恼。朋友们见他天天神情恍惚不知道在想些什么都很担心。终于有一天，当他又想起这个问题的时候，有个朋友忍不住问道："你最近是怎么了啊，总是这副样子，是不是遇到什么烦心事儿了啊？"

这个人苦着脸将自己的疑问告诉了朋友。朋友一听哈哈大笑："天怎么会塌下来呢，你也想太多了吧？再说了，就算是天真的塌下来了，你光自己在这里忧愁发呆就可以解决问题了吗？"

这个人觉得自己的朋友是在嘲笑自己，并没有理他。朋友见状很是无奈，只得放任他一天天苦思冥想下去。

上面"杞人忧天"的故事告诉人们：很多时候，我们烦恼的根源都在于自己的内心。自寻烦恼的人是可悲的，不该自己担心的事情，非要操心；不可能发生的事情，非要唉声叹气地想象事情发生的后果。自己愁眉不展的同时也影响了周围人的情绪，让他人对你心生厌恶。所以当我们遇到自己无法解决的客观上的烦恼，那就不要再想，任由它去。"天要下雨、娘要嫁人"，很多时候顺其自然是最好的解决方法。你不去寻找烦恼，烦恼自然不会跑来找你的。

（2）远离烦恼便可快乐地生活

有些人总是为一些芝麻绿豆大小的事情感到烦恼，而且往往在抓不住头绪的时候朝着不利于事情发展的方向思考。其实这样的行为有点可笑，自寻烦恼只能给自己带来心灵上的困扰，无端的忧虑并不能解决问题，反而只会让你心情沮丧。时间久了，就容易滋生消极的人生态度。所以，当这种消极的情绪来临的时候，让我们展露自己最阳光的笑颜，坚决对它说："不！"我们绝不可以像下面寓言故事中的农夫一样自寻烦恼：

一个农夫要过河去给对面村子的居民送一些东西，那天的天气很热，农夫划着小船累得满身大汗，苦不堪言。但是为了尽快将东西送到并且在天黑前返回自己家中，他根本来不及擦汗，只管加紧摇动手中的船桨。突然，农夫发现在他前面有一条沿河而下的小船迎面向他行驶过来，农夫眼睁睁地看着那条船直直地向自己的船上撞过来，丝毫没有避让的意思。农夫生气地大吼："给我让开！你这个白痴，快点让开！"但是这吼叫完全没用，对面的小船根本不把他的话当回事儿，依然顺流而下。农夫更加生气："你快要撞上我了！你个蠢猪！"他一边吼叫，一边自己动手避让对方的小船。但是那只船还是重重地撞在了农夫的船上，农夫的船被撞得一阵颤抖差点翻了过去。农夫愤怒地冲着那只船吼道："这么宽的河面你都能撞到我，你怎么开船呢，长眼睛了没啊！"农夫话音刚落，就瞠目结舌地愣住了：那条船上空无一人，他大声叫骂的只是一只空船而已。

大多数情况下，我们就像这个农夫一样，愤怒和发火很可能只是因为一件丝毫不存在的事情。事实上，事情根本没有我们想象中的那么糟糕，甚至有些是根本不需要放在心上的。但很多人却非要把这些丝毫不用关心的事情作为无法排遣的抑郁而放在心中。

如果你经常陷在杞人忧天、自寻烦恼的情绪里面，只能说明你的内心是消极和悲观的。一个人对生活的态度，是他心灵想法的折射，让自己的内心经常保持一种乐观和积极的状态，避免在做事情之前患得患失，做事情之后左右掂量。未来的事情还没有来到，过去的事情会永远地过去，再怎么想都是无济于事的。凡事想得开一些，积极进取地向新的人生高度挑战，才能远离烦恼的根源。

谁都不会永远做自己喜欢的事情，谁都要被迫做一些不愿意做的事情，这是我们无法避免的问题，但是我们有足够的能力让自己从这件不爱做的事情中发掘出值得我们高兴和开心的元素，这样我们就会获得更大的生活乐趣，从而摆脱自寻烦恼的负面心境。

让心停下来，送自己一个清净假日

一个人的一生中会有很多个岔路口，你可以选择争名逐利，也可以选择安然闲适；可以选择执迷不悟，也可以选择虚怀若谷。选择起来容易，但是，不是每一种选择都可以收获一种快乐的心情，不是每一种选择都可以收获一种幸福的人生。

（1）追赶让你远离幸福

对生活进行审视之后，我们会发现每一个角落中都有美好而真实的情景。只要静下心来，用心地去体会，我们便可以感觉到快乐。相反，一味地追逐并不一定就代表着你将会拥有一切，而拥有一切也并不代表着你在将来一定会幸福。

波比是一位非常成功的商人，他想要将自己的商业版图扩展得更大，他希望自己将生意做到太平洋的西边去。于是，他与同事一起搭乘一艘轮船前去。不幸的事情发生了，途中他们遇到了暴风雨，轮船在太平洋上被吹得东倒西歪，船上的人一个接一个地染上疾病，痛苦地死去。轮船毫无希望地在大海中漂流了21天，直到第22天的早上，波比一行才被路过的轮船救了下来。

经过这件事情后，波比好像变了一个人。他将自己的贸易公司规模缩小，开起了一家养老院，每天与老人在太阳底下喝喝咖啡、聊聊天、唱歌、下棋成了他每天生活的主调。当有人问起他为什么会放弃自己的事业时，他回答道："从那次海难事件中，我学会了一件非常重要的事情，那就是：如果你有足够的清水可以喝、有足够的食物可以吃，那么，你就不要再过分地奢望任何事情。"

生活中的欲望很多，没有钱的人希望自己的钱多一些，有了钱的人还想要更多的钱；普通的职员想要升职涨薪水，升职之后又想要自己当老板；租房的人为了买房而不断奋斗，买房的人却在不断地憧憬着拥有更奢华的别墅，如此类推，我们中的一些人总是希望自己的存款可以再多一些、职位再高一些、业绩排名再靠前一些，他们不满足于现状，总希望自己变成什么、希望自己拥有什么，其实这是无可厚非的事情，因为没有人甘心平庸和落后，只是，当我们不断更新理想的时候，要明白一点：处于交替状态下的理想与来不及实现的现实总是有一段的距离。距离让我们感觉落后，让我们恐慌不已。我们所期望的美好生活总是在理想的未来，只有让自己奋力、再奋力地努力奔跑与追赶，才能够让自己赢得未来。但是，我们在无休止的奔跑与追赶中，不断忽略身边的景物，内心不断地出现空洞，这样的匆忙赶路往往会让自己离幸福越来越远。

（2）不争可以赢得无忧生活

在当今社会中，竞争十分激烈，有的人为了得到一份体面的工作不择手段，最后非但没有得到想要的工作，反而把自己折腾得疲惫不堪。"不争"是老子哲学的中心思想之一，他主张人应该像水那样顺其自然，这样的心态在现代人中已经很少见到了。现实生活中，有些人认为："不争"代表着放弃，是一种懦弱的表现，事实上并非如此。"不争"只是在告诉我们要把自己的心态放平，要把心胸放宽广一点，在与人交往的过程中一定要注意真诚重信，将自己的事情处理得有条有理，准确地抓住时机，发挥自己的最大能力。所有的这一切，都是在"不争"中做到的。"不争"是一种心态，也是一种境界，更是一种取得胜利的方法。我们要把"不争"真正地运用到现实中，运用到我们的工作中，这样不仅能够改善与同事相处的气氛，还能让自己在"不争"中获得更多的东西，让你享受到"不争"的幸福，让你在"不争"中走向成功。

不争是一种开悟，也是一种馈赠。如果你是一只鸟，就不要只盯着树上的果实，因为树叶的背面也有动听的乐谱；如果你是一条鱼，就不要只盯着水面的飞虫，因为沙砾的底下也有柔美的诗篇；如果你是一朵花，就不要只盯着天空的湛蓝，因为脚下的土地也有春泥的芳香。我们只要不把目光放在高不可攀的地方，在哪里都可以找到属于自己的幸福。

（3）给自己的心灵放一次假

有些人为了金钱财富，舍弃了宁静淡泊；有些人为了汽车洋房，舍弃了身心健康；有些人为了求名逐利，舍弃了家庭温暖，不但如此，还把自己搞得不堪重负，每天都在焦虑和抑郁中度过。就这样，在紧张和纠结中度过了大好时光。想来真是不值得。为了身外之物，丢了内心的舒适，实在是一场不划算的交易。

其实，让我们感到疲惫不堪的东西不是世间的纷扰变迁，也不是人生中不断出现的梦幻泡影，而是我们内心的平地波澜。我们要舍得给自己的心灵放一场假，享受闲适的"采菊东篱下，悠然见南山"，分享超脱的"相看两不厌，唯有敬亭山"，体验涅槃的"一花一世界，一叶一菩提"，品味淡然的"佛来拈花笑，人去万事空"。

为了那些生不带来死不带走的身外之物而忽略了自己心灵深处的感动，让世俗尘埃束缚着自己的心灵，每天都像背了一个装满石头的袋子在旅行，即使到达了终点，也必定因为气喘吁吁而无暇顾及沿途的美好风景。人生苦短，时光荏苒，生命中不是只有那些物质利益可以成为你的目标，给心灵放一个假，送自己一个清凉假日，让你的人生跟着你的心灵一起跃动，那么，另一番别样风景正在不远的前方等待着你。

CHAPTER 2
第二章
静下来感受，想象一下自己有多幸福

　　幸福是什么？幸福就是一碗水，一碗装满宁静和闲适的清水；幸福就是一种满足，一种接近或实现理想后的心灵的满足和淡定。一个人在农田里满头大汗地劳动，可是他的心里很甜蜜，他就是幸福的；另一个人在花园里自由自在地散步，可是他的心里很烦躁，他就是不幸福的。

心灵有窗，烦恼可以用乐观来诠释

文化学者于丹曾经说过：我们都在这个世界上生活，为什么有的人活得欢欣而温暖，而有的人却整天只知道指责和抱怨？大家的生活真的相差很多吗？其实，我们大多数人的生活是相差无几的，就像我们面前有半瓶酒，悲观者会说，这么好的酒怎么就剩半瓶了；乐观者则说，这么好的酒还有半瓶呢。拥有乐观的想法有助于成就积极的人生，乐观的人由于充满信心和希望，遇到困难也不抱怨，因此他们较易克服困难，并有很强的抗挫能力，从而拥有健康的身体与快乐的人生。

（1）心灵有窗，窗外就是阳光

这个世界总会有阴暗面，一缕阳光从天空照下来的时候，总有照不到的地方。如果你的眼睛只盯在黑暗处，抱怨世界的晦暗不明，那么，你只会得到黑暗。同样的道理，如果我们把生活比作饮食，那么我们人生中的酸甜苦辣就好比那一道道味道不同的菜肴，吃什么都是自己的选择，没有人强行往你的嘴里塞。选择什么风味的菜肴，你便品尝什么滋味。选择什么风格的生活，你便拥有什么样的人生。

从前，有一位以弹琴卖唱为生的盲人，他非常渴望有一天能看到这个世界。于是他四处寻医问药，但始终未能如愿，多年以后，他失去了活着的信念，想以投河的方式来结束生命。就在这时，一位智者救了他，并对他说："我给你一个治好眼睛的药方，不过，你得先弹断一千根弦，然后才可以打开这个药方。记得在打开这张纸之前，要保持快乐的心情。"于是，这位盲人继续游走四方，以弹唱为生。

一年又一年，十几年过去了，盲人在期待中弹唱着生命之歌。就在他弹断了第一千根弦的时候，他迫不及待地将那张药方从怀里拿出来，请求正在倾听他唱歌的人代他看看上面写的是什么。听他弹唱的人接过纸条一看，说："这明明是一张白纸嘛，上面一个字也没有。"盲人听了，潸然泪下，突然明白了那位智者"一千根弦"背后的意思，因为他要给这位盲人一个对明天的期待、对未来的承诺，就是这张没有写一个字的白纸，支撑着盲人积极地面对人生，数十年如一日地在希望中快乐地唱歌、幸福地生活。

故事中的盲人经历告诉我们，一个人如果可以常怀积极良好的期待，想象着前程充满光明与希望，他就会凭借着这种信念走下去，继续他的生活。作为当今社会中的人，不管你的路途多遥远，有多少崎岖坎坷，只要我们心中有一个美好的信念，抱持着一种积极的希望，就能够坚定不移地走下去。

（2）逆境中积极，你就是快乐使者

在我们的一生中，在某些方面可能战胜过很多人，却经常被自己打败。我们放弃机会，不是别人要我们放弃，而是自己主动选择放弃；我们停止奋斗，不是别人阻止了我们，而是自己主动停下来。这就是没有勇气战胜不幸的表现，如果把我们日常所经历过的种种痛苦烦恼分析一下，会发现一个普遍的规律：生活中大部分的痛苦来源于人们战胜不了自己。

逆境是每个人都要经历的。身处逆境，每个人的态度也不相同，有的人习惯诉苦，有的人愿意乞怜，有的人自暴自弃，有的人则会奋力自救。当然，你选择怎样的态度，也就决定了最终的结果。谁都有身处逆境的时候，与其悲伤流泪、消极应对，还不如微笑面对、积极抗争。消极的情绪使得人沮丧，积极的情绪催人奋进。幸福的人善于消除消极情绪，培养积极情绪，将自己安置在幸福快乐的状态当中。

卡切尼是美国一家铁路公司的调度员，他工作认真，恪尽职守，但是却不很招人喜欢，因为他总是对人生充满悲观，一遇到不幸的事情，就会消极懈怠，任谁也无法走进他的心灵。

有一天，卡切尼的领导过生日，同事们都早早准备去领导家聚餐，而他仍在工作，后来不小心把自己关在了一辆冰柜车里。他在冰柜车里拼命地敲打冰柜，并对着外面大喊大叫，可是附近根本没有人，即使他的手掌敲得红肿，喉咙叫得沙哑，也是徒劳，最后他只得绝望地坐下来喘气休息。他开始在车里胡思乱想，越想越害怕，因为车里的温度通常

在-20℃以下，如果再不出去，等待他的将是被冻死在车里。于是，他在绝望之际，找来纸笔，用发抖的手写下遗书。

第二天早上，公司里的同事们陆续来上班，当他们打开冰柜车的时候，惊讶地发现卡切尼倒在里面。于是，他们急忙将他送去急救，可惜他已经死去了。卡切尼是怎么死的呢？大家都不知道，但他肯定不是冻死的——车里的冷冻开关处于关闭状态，车里的温度就是室外的常温，而且冰柜车的空间足够大，氧气足够多。

其实，卡切尼的死因与冰柜的温度无关，因为这是一辆因需要维修而暂时停冻的常温车，正常人在里面待上一天，是绝对不会死亡的，卡切尼的死归因于他心中的冰点——在逆境中选择消极的态度面对。

（3）培养积极乐观有妙招

消极只会积累更大的消极，只有积极乐观才能战胜困难。积极进取的思想，可以弥补才能的不足，可以点燃人们的希望，可以克服艰难险阻，使你的才能发挥得淋漓尽致。因此，在生活中，即使遇到看似不可能的事情，只要我们抱持希望，持之以恒，终有成功的那一刻。心理学专家研究发现，培养积极乐观的方法有以下几步：

第一，增加掌控能力。掌控能力指人们因适应环境的挑战而做出的适当有效的自控能力，是一个人自我激励的重要因素。因为越有掌控能力的人，做事情越有可能成功，这样的人会变得越来越积极乐观。

第二，保持正面情绪。正面情绪不仅仅可以提高人们的自我掌控能力，还可以帮助人们保持积极的思想。例如，我们可以在生活中多回忆过去的一些愉快经历，还可以在工作中与同事建立亲密的关系，诸如此类的积极事件可以增加我们的积极行为，因为当一个人感受到被爱时，便愿意去爱周围的人，这是一种美好的正面情绪和行为。

第三，保持乐观的心态，我们要以乐观的心态看待事情的发展，同时拥有正确的人生观，摆脱负面的消极的思想。当我们遇到不愉快的事情，如果产生了负面思想，做出负面行为，后果也会是负面的、消极的。但是，如果我们此时懂得驳斥负面思想，植入正面思想，进行自我激励，就可以将自己的心态扶正到积极乐观的轨道上来。

第四，培养自我反省的能力，这是进行自我激励的又一个重要步骤，也是乐观人生的基石。生活中会有许多不如意的事情，甚至有很多不合理的现象，单凭我们个人的力量无法改变这些现实，但我们可以改变自己的心情和态度，从某种意义上说，一个人心中有什么，他看到的就是什么，自我反省可以让你的心中充满正能量。

总之，一个人的情绪就好比盛有沙子和水的容器，倘若我们可以将心灵沉淀到某个安静的地方，就像沙子完全落入容器底部，水就会变得清澈宁静，你就会享受到快乐和幸福。幸福、快乐是一种安静的感觉，它与我们的内心紧密相连。所以，我们每天要给自己一个安静的理由，让自己每天都快快乐乐的。

无谓的攀比，偷走了我们多少快乐

　　生活中，有的人喜欢和比自己优秀的人比较，这样容易产生挫败感，觉得自己什么都不如别人，从而让自己整天沉浸在失落怨怼的心情中。其实，有时候别人认为很重要的东西对于你来说也许是个累赘，再好也不是你应该追求的目标，应该把眼光放到自己真正喜欢的东西上来。不要在比较和失落中度过自己的一生，要知道，当你在羡慕别人的时候，也有人在羡慕你。

（1）用自己的短处比别人的长处，容易失落

　　有些人总是习惯拿自己与别人比，一旦发现自己有不如别人的地方，就会心生不满和怨气，要求自己必须拥有比对方更好的地方。这是一种很糟糕的习惯，它不仅影响了你的形象，还会打击你的自信心，对你的事业和生活都会造成很大的影响。其实很多时候，我们内心的失落和不满，只是因为嫉妒别人比我们做得好，羡慕别人比我们幸运。如果我们都能学会享受自己的生活，在看到别人优点的时候也能想到自己的优势，这样在我们的生活中就会减少很多烦恼。

　　张雷的妻子李丽是一个凡事总爱和别人比较的女人，她经常在张雷耳边说："我们可不要输给别人啊，你看看你同事王越，人家职位不比你高，能力也和你不相上下，他们家有什么，我们家也一定要有，你明白吗？"

　　张雷每次听到李丽这番唠叨表现得非常不耐烦。这一天，下班后的李丽又开始了新一轮的唠叨轰炸。

　　"老公啊，你知不知道人家王越家最近新添了什么东西？"

　　张雷很不想接她的茬，可是如果不回答，她就会一直说下去，只得随口敷衍："他们家啊，新换了一套家具。"

　　李丽马上说："那我们也要换！"

　　张雷说："人家最近新买了一辆车。"

　　李丽说："那我们也要买！"

　　张雷决定治治她这个毛病，于是装作欲言又止的样子："人家最近……呃，算了我不说了。"

　　李丽不依不饶："说啊，说啊！你不会是买不起不敢说吧！"

　　张雷说道："王越最近新换了一个年轻漂亮的妻子。"

　　李丽的话戛然而止，从此再也不提跟张雷攀比的事情了。

　　每个人的自身条件和家庭背景都不相同，人与人之间是没有太大的可比性的。盲目攀比会把自己的钱财浪费在一些无关紧要的花销上，还会给自己增添烦恼。不去和别人比较，我们的生活就会快乐很多。

（2）用自己的缺失比别人的拥有，自讨苦吃

攀比是一种病，因为人生各有不同，生活没有十全十美的，过度攀比是在对自己的幸福和健康一点一点地做着减法。人生的路，当然要靠自己拿主意，靠自己走，何必强调外部因素。在这样的攀比中，幸福比没了，正气是非比丢了，平常心比低了，健康往往也丢了，岂不是自讨苦吃？

在大森林里面，夜莺的声音是最婉转动听的，所以大家都很喜欢听它唱歌。而孔雀一唱歌就会被大家笑话，孔雀为此感到很苦恼，于是向天神诉苦，埋怨上天对自己不公。

天神说："你虽然不会唱歌，可是你别忘了，你全身的羽毛闪耀着谁都没有的光彩，你的尾巴上有着什么都无法比拟的华丽。"

孔雀不满意地说："可是夜莺在唱歌这一项上就超过我了啊！像我这样跟哑巴差不多的嗓子，怎么能够像它一样吸引别人的目光呢。这分明就是很不公平的事情啊！"

天神回答它："我已经公正地分给你们应该有的东西。老虎、猎豹得到了速度，狐狸得到了智慧，山鹰得到了力量，夜莺得到了好听的嗓音，他们都很满意我的赐予。而你，我赐予你的是倾倒众生的美丽啊！"

孔雀将自己尾巴上的羽毛张开，璀璨的颜色一下子在森林里铺开。大家纷纷羡慕地说道："呀，孔雀的羽毛真是漂亮啊……"孔雀终于明白了天神的意思，于是向天神道谢，以后再也没有为自己不会唱歌而烦

恼过。

十全十美代表着人们对完美人生的向往，但是十全十美的东西在这个世界上是不存在的，无论是物品还是人。在这方面优秀的人，在那一方面可能会很低劣，这都是无法辩驳的事实，只是生活中有很多人喜欢盲目攀比，为自己、为别人都带来了很多无端的烦恼。

（3）攀比心理的自我调节

攀比心理的规避，需要通过适当的自我调节，从而帮助喜欢攀比的人建立正确的比较观念，摆脱压力的束缚，找到前进的动力，具体的步骤如下：

第一，进行积极的自我暗示。我们可以先积极地叙述一下个体的预期目标，并乐观地认知头脑中坚定而持久的理念，从而摆脱陈旧的、消极的，甚至是否定的思维模式。比如，在心中默念："我是一个有价值的人。"并找出自己有价值的若干个理由：首先，我是一个有能量的人，在我的体内，蕴含着无限的潜能；其次，我是一个有尊严的人，我能为这个世界创造价值；再次，我是一个有希望的人，我每天都能乐观积极地生活。

第二，多进行纵向比较，少进行横向比较。纵向比较是指一个人的今天与自己的昨天比较，找到长期以来的发展和变化，以积极、进步的心态鼓励自己，从而帮助自己树立坚定的信心。横向比较是指一个人与周围其他人的比较，也有助于找到自己的不足，以便朝着更好的方向发展，但有时会打击自己的自信心。纵向比较的优越性高于横向比较，因此，我们要多采取纵向比较，少进行横向比较。

第三，时刻增强自身的实力。自信心是建立在强大的实力基础之上的，这种力量发源于我们的内心，通过知识与经验的指导，让我们有机会更顺利地面对生活中的各种难题，战胜人生中的各种挑战。

心无贪欲杂念，何处惹尘埃

现实社会，纷乱复杂，人生最好的境界是宁静，一颗宁静的心，可以摆脱外界虚名浮利的诱惑。当然，宁静不是只静不动的一潭死水，而是身体在世界上奔波、心情在红尘中起伏的同时，你的心灵能够保持平和与宁静。

（1）杂念如尘埃，贪欲惹苦痛

中国有句古话："人往高处走，水往低处流。"每个人都希望自己可以步步高升，日子越过越红火，钱挣得越来越多。然而，人的欲望是无穷无尽的，如果我们不能克制，就会给自己带来无穷无尽的痛苦，只有心无杂念，知足常乐，心态平和，才能拥有幸福的人生。

从前，有一个名叫帕霍姆的犹太大富商，他是一个贪得无厌的人，虽然已经家财万贯，但还想要得到更多的财富。

有一天，他千里迢迢地来到一个物产富饶的地方，想买下这儿的许多土地，当地的酋长告诉他："你想要买我们的土地，就要遵循我们这里的规矩：在一天之中，你能够圈多大一块地，那么这块地就属于你了。不过如果在日落之前你不能回到起点，那么你将失去所有的土地。"

第二天清晨，帕霍姆带着几个仆人来到了一个小山岗上，开始寻找自己满意的土地，他大步流星地往前走，不放过自己看到的每一块土地。快到中午的时候，天气热极了，但他还是继续往前赶路，一边吃着干粮一边贪婪地圈地。到了下午，太阳就快要落山了，他还是不愿意停下来，仆人们饿得口干舌燥，累得腰酸背疼，建议停下来歇一歇，他语重心长地告诉大家："我们现在不能回去，必须得把前面的那些地都圈起来。"

他们终于圈完了最后一块地，可是已经很晚了，他迫使自己加快步伐，为的是能够在太阳落山之前赶回去。可是，他劳累了一天，走起路来非常吃力，就在太阳即将落山的那一瞬间，他距离起点只有一步之遥，于是他使出浑身的力气向前冲去，扑倒在起点上，仆人们都为他欢呼，终于可以买走所有的土地了，不幸的是，他扑倒后再也起不来了。

故事中的帕霍姆，无法克制自己的贪欲杂念，结果白白葬送了的生命，拥有良田万顷又如何？到头来自己的葬身之地只是一抔黄土而已。要知道，生命是一团欲望，很多时候，当你得不到满足时会痛苦，但如果找到一个正确的解脱方法，心无杂念、降低欲望，保持一颗平常心，你便不会感到痛苦。

（2）利益虽好，贪多必害

现实中，人人都想得到利益，而且是越多越好，这是人类共同的心理特征。但如果欲望太多、贪婪无度，就会沦为欲望的附庸和利益的奴隶。当一个人贪婪不止时，往往只能看到贪的好处，而对害处却视而不见，结果往往得不偿失，祸从中来。

中国有一个著名的成语——人为财死，鸟为食亡，这个成语的来历是一则发人深省的寓言故事：

从前，有两个兄弟生活在一个偏僻的小山村里，他们的父母早亡，兄弟俩相依为命。几年之后，哥哥娶了媳妇，成家立业，日子没有以前那么苦了。不过此时，哥嫂两人却觉得弟弟是一个累赘，想方设法地算计兄弟。最终，哥嫂独占了父母留下的一点薄产，把弟弟赶出了家门。可想而知，弟弟的生活过得十分艰难，只能四处流浪，靠打柴勉强度日。

有一天，弟弟上山打柴的时候遇到了一只大鸟。大鸟对他说："在东海深处有个小岛，岛上遍地都是金子和黄豆，我将你带过去，你捡黄金我吃黄豆。不过在天亮之前，我们必须离开，否则我们两个都会被太阳升起时的炽热光芒给烤死的。"弟弟答应了大鸟。第二天，大鸟果然如约而至，弟弟从岛上捡回了很多金子。

弟弟有了钱之后，生活开始好转起来，很快就盖起了新房子，又买了很多地，还雇了一些人来帮他种地，不久便成了当地的大富翁。哥哥看到弟弟发了财，心里很纳闷，天天都去问弟弟到底是如何发财的。弟弟禁不起哥哥的一再追问，就把自己发财的秘密告诉了哥哥。

哥哥得知这一切后，当然不会放过这个发财的好机会。于是天还没黑就去等着那只大鸟，大鸟出现后，哥哥顾不上和它说话，抓住大鸟的双脚向东海飞去。贪心的哥哥只顾捡黄金，早就忘了弟弟的嘱咐，而大鸟也沉迷于黄豆的美味当中。当他们觉醒的时候，天色已经大亮，太阳很快就出来了，霎时间小岛上的温度骤升，贪心的哥哥和大鸟都被太阳烤焦了。

故事中的哥哥和大鸟都过于贪恋金子和美食，结果枉送了性命。现实生活中，如果人们总是为了名和利挖空心思，为了钱和权日夜烦恼，让种种不断攀升的欲望，驱使着我们努力去工作，去赚钱，结果只能使生活节奏越来越快，钱也越来越多，但是我们也陷入了一个越来越深的痛苦深渊，到最后不但期望的快乐不会如期到来，反而会沦为不幸之人。所以，只有心无杂念贪欲的人，才会常常拥有快乐的感觉。

（3）心无旁骛，你才可以获得成功

在人类历史上，有无数的重大发明创造与科学发现，当事者其时无一不是心无杂念。如果一个人不能专心致志地做一件事，却想取得成功，那只是纸上谈兵。所以说，如果成功真的有什么秘诀的话，那就是要心无杂念、专心致志。

相传，在春秋时期，有个围棋专业棋手，他的名字叫弈秋，他的

棋技非常高，有两个人向他拜师学艺，其中一个学生在学习的过程中心无杂念，专心致志地听讲。而另一学生却在学习的时候心不在焉，总是分散注意力，还探头探脑地朝窗外看，想着天空中会不会有一只天鹅飞来。结果不言而喻，前一个学生从弈秋那里学到精湛的棋艺，而后一个学生却只学到了一点皮毛而已。

在同一个老师的教导下，为什么这两个学生的学艺成就会有这么大差别呢？原因不言而喻：两个学生对待学习的态度不一样，一个心无杂念，另一个心不在焉，他们的学业自然大相径庭，这是情理之中的结局。一个人的能力，唯有在心无旁骛、专心致志的情况下，才会有奇迹发生。古训有言：欲多则心散，心散则志衰，志衰则思不达。请从凡尘杂念中跳出来吧，心无旁骛、专心致志地说话、办事、做人，才是人生成功的王道。

包容的彼岸，乃幸福歇脚处

包容是一个人成熟的标志，是一个人一生幸福的基础，但凡生活在这个星球上的人们，那些尊贵的人，被他人景仰的人，大多都是从包容中走过来的。如果对别人不包容，也是一种懦弱的表现，一个对自己有信心的人是不会去嫉妒或排斥他人的。包容并不是无奈退缩、懵懂无知。包容的人，善于洞悉世态，但又不失纯真。包容的人，内心宁静。包容的人，敢于面对困难，不争一时之短长，有翱翔苍穹的心志。包容的人，懂得享受生命中的美好。

（1）包容是无声的教育

若遇到稍有不如意的事情，就勃然大怒；遇到不高兴的事情，就气愤泄怨，这是缺少包容的一种表现。拥有容人的雅量，是完全能够通过修炼而得到的。包容是一种生存的智慧、生活的艺术，是看透了社会人生以后所获得的从容、自信和超然。有了这种智慧，就会面对人生，从容不迫。

从前，有一位德高望重的禅师，他的门下有一位贪玩的学僧。这一天，禅师夜里巡查，发现墙角有一张高脚凳，立刻明白了这个学僧晚上爬出院墙玩乐，于是就把凳子移开，自己站在原先放凳子的地方等候学僧归来。深夜，学僧玩罢归来。他不知道凳子已经被移走，一跨脚就踩在了禅师的头上，下地后看清是禅师，惊慌得深深低下头去。禅师像没那回事似的，反而安慰道："夜深露重，小心着凉，快回去休息吧！"就这样，这位学僧再也不出去夜游玩乐了。

一位老师发现一名学生在上课时总是不专心听讲，时常低着头在本子上画些什么。一次，他走到那位学生的跟前拿起他的本子，发现学生本子上面画满了自己的漫画，形象夸张怪诞。这位学生紧张极了，害怕老师责罚他。但老师却并没有发火，仅仅微微一笑，并说要他以后多练习，画得更神似一些。从此，那名学生上课时再也没有低头画画，上课听讲非常专心，而是利用课余时间学习绘画，后来他成为一名颇有造诣的漫画家。

上面两则故事中的禅师和老师懂得，包容是一种无声的教育。事实上，胸襟开阔的人往往会自然而然地运用包容来解决事情，反之，大发雷霆或是批评责罚的结果未必会让当事人真正得到反省，甚至也没有什么成效。这是因为人通常都会有逆反心理，虽然明明知道自己做错了，在别人的指责下会为了维护自尊心而梗着脖子坚持到底。

（2）生活因包容而美好

歌德说："人不能孤立地生活，他需要社会。"良好的人际关系是建立在包容的基础之上的，人只有在相互包容和谅解中才能求得共同的发展和进步。包容是一种人生的大境界，平和幸福的生活离不开包容。

但是在现实生活中，并不是每个人都能够做到宽以待人的，在大多数时候，我们还是会让自己的不理智占居上风。在我们的人生当中，同样的一条路摆在不同人的面前，就会有不同的结局，有的可以变成通天大道，而有的则是羊肠小道，有些甚至曲曲折折，找不到下脚的地方。只因为心态不同，心胸开阔的人无论走到哪里，都能够开辟出一条光明大道。所以，不要再抱怨生活，生活会令你难堪只是因为你总是让生活难过，多多反省一下自己吧，看看是不是自己不够包容才让自己的生活变得如此的不堪。

一个善于包容的人，能够正确地看待自己与他人的差别，既不妄自尊大，贬低他人，又不妄自菲薄，低估了自己，更不会因别人的权力、地位及财富而耿耿于怀。他们从来不会去记得自己给过人家什么恩惠，只是记得别人曾经对自己的好。而心胸狭窄的人则往往斤斤计较，只顾眼前的利益，从来不考虑给别人留后路。殊不知，这样做的后果是把自己逼上绝路，成为最彻底的失败者。

我们都是这个世界上独一无二的，我们每个人都有自己的不同，不同的处世态度，不同的修养和思想，不同的性格脾气，更重要的是我们都是在不同的环境下成长起来的。所以我们在平常的工作和生活之中，免不了会与他人产生一些摩擦和矛盾，如果一个人斤斤计较，可能会让矛盾加深，最终影响人与人之间的感情和关系，而一个心胸豁达、善于包容的人则常常会息事宁人。因为他们明白"忍一时风平浪静，退一步海阔天空"，他们总是让自己在矛盾或摩擦出现的时候，学会"大事化小，小事化了"。也正是他们这样包容豁达的心境让我们的这个世界充满了爱与美好，人与人之间的关系也变得越来越亲密。

人生的道路是很长的，在这样漫长的旅途中，没有人会一点错也不出，永远是对的。有些人可能会因为一时的冲动而伤害了我们的感情，有些人可能会在无意中误会了我们，诸如此类的事情，如果我们不会包容，总是用一种怨恨的态度去面对，到最后受伤的可能是我们自己。我们也会在不断的怨恨中，丧失了作为一个人应该有的真善美，这才是最为可怕的事情。所以我们在面对别人的伤害的时候，与其在怨恨中让自己难过伤神，倒不如让自己的心胸包容一些，学会理解和包容别人，同时也让自己站在别人的立场上去思考一下。或许，当你真的这样做的时候，你就会发现你心中的怒火早已被换位思考而平息了，你也能够很容易地理解别人的行为。

所以，生活需要我们学会包容，因为包容能够让我们的人际关系更加和谐，能够让我们更加平和地和身边的每一个人友好相处。同时，一个人只有学会了包容，他的胸襟才会变得更加开阔，他也就为自己赢得了更多的朋友，赢得了他人更多的理解和信任，他脚下的路也会因此而越走越宽，他会不断地发现生活的美好与阳光。

因为朋友多多，所以幸福满满

友情和亲情、爱情一样重要，是人类最真挚最美好的感情。在复杂的外界环境下，我们每个人都显得那样渺小，所以我们都需要可以和自己共患难、共祸福的朋友，只有我们和朋友之间真诚地合作，才能产生强大的能量来对抗外界的风风雨雨。

（1）拥有朋友的天空阳光明媚

在我们的生命中，友情是不可或缺的一部分。对于男生来说，哥们儿则是和自己意气相投、时时肯伸出援手的对象；对于女生来说，闺密是自己用来倾诉心中的烦恼、苦闷和分享自己快乐的对象。因此，无论男生女生，当我们遭遇不幸或沉沦的时候，总会有朋友帮助或激励，给我们的生活带来无限温暖。

公元前4世纪，意大利有两个好朋友皮斯和达蒙。一次，皮斯因为一件事情触犯了当时暴虐的国君，被判处绞刑。皮斯是一个很孝顺的人，他请求国王允许他在行刑之前回趟家乡和自己的母亲告别，可是国君怎么也不同意。达蒙知道这件事以后，向国王请求由他来代替皮斯服刑，如果皮斯不能按时返回，他就代替皮斯上绞刑架，国王这才勉强答应。

刑期临近的时候，皮斯却依旧没有出现。人们纷纷开始嘲笑达蒙，笑话他用自己生命作为代价看清了一个并不值得他这么做的朋友，嘲讽他为了虚幻的友情而失去了生命。当达蒙将要被送上绞刑架的时候，人们悄无声息地围在一旁为这一刻感到伤心。这时从远方传来熟悉的呼喊声："我回来了！我回来了！"皮斯的身影远远地跑过来，他跳上绞刑架，拥抱着达蒙热泪盈眶。

这时，在场的所有人都开始为这感动的场面而纷纷落泪。一向暴虐的国君出人意料地赦免了皮斯，他说："这样的朋友我也愿意与之交往的，杀了就可惜了。"

上面的故事告诉大家，真正的友谊需要你用自己的一颗真心去换取。生活中，我们应该学会珍惜身边的每一份友情，用自己的真心去对待生命中与自己相遇的每一段友谊，那么到最后，即使它没有天长地久，但它却永远也不会被遗忘。闲暇时一声轻轻的问候，一条平淡的短信，都可以给朋友的心里种上一粒友谊的种子，你珍惜它，它就会在你心里发芽，开花结果，当友谊之花开满心房的时候，双方都会收获最纯美的感情，它盛开的花朵所绽放出来的清香，会在你的心房缠绕一生一世。

（2）藏着友谊的心房温暖如春

真正的友谊是两个人心灵上的默契，只需要一个眼神，我就能读懂你的心思；你动一动手指，我就知道你要做什么动作。这种默契和对彼此的了解是在长期的生活中才能够建立起来的，这种认识和深刻的领悟也是在相互的帮助中逐渐形成的。

杰米亚小的时候家里很穷，从小饱受饥饿和贫穷的磨难，可是在他最窘迫的时候，有一个名叫哈利佛的同村小伙伴对他伸出了援助之手，帮他度过了贫穷和饥饿的童年。

后来，杰米亚走出了村子，在外面奔波了三十年后，成为一名成功的企业家。有一天，他动了思乡的念头，于是动身返回家乡。当天他就走遍全村，对那些小时候照顾过他的人们道谢，给每一家都送去礼物。晚上，他在自己家的院子中摆下酒席，宴请小时候一起玩的伙伴们。他们来的时候全都带着礼物，不论贵重与否，杰米亚都会收下，准备在宴会结束之后再让大家带回去。

正在大家热闹得推杯换盏之间，大门被推开了，哈利佛拎着一瓶酒进来了，连声说："抱歉，有点事耽搁，米晚了。"哈利佛现在的生活过得很艰难，一点儿也不亚于杰米亚小时候的贫困样子。杰米亚起来将哈利佛手中的酒拿过来，并将他拉到自己座位的旁边坐下来，亲自给众人倒上这瓶酒，然后给自己斟满，举杯说道："来，今天让我们先喝这一瓶酒吧。"然后他们一饮而尽。

一瞬间，全场鸦雀无声，大家面面相觑，不知道说什么好。哈利佛慌忙地低下了头，面红耳赤的。杰米亚扫视了一下全场，然后说道：
"这三十年来，我走过很多地方，喝过很多酒。但是，我从没喝过比今天更好喝的酒，今天的酒更有味道，更让我觉得感动！"然后，他拿起酒瓶，重新给大家一一斟满："来，再干一杯！"哈利佛的眼睛忍不住湿润了，大家的眼睛都是湿湿的，而他们喝的分明是一瓶水。

这个故事告诉我们：真正的友情经得起金钱和时间的考验，无论你我若干年后是何身份，无论你我之间相隔了多少年，这份友谊会随着时间的流逝而延续不朽越发醇香，随着岁月的沉淀而更显光辉；虚假的友情则会随着时间的流逝而灰飞烟灭。当朋友遇到困难的时候，我们主动伸出手去拉一把；当我们自己遇到困难的时候，不到万不得已不去麻烦朋友，这样我们才能够拥有最美丽的友情，这样的友情会让我们感受到人与人之间的温暖，拥有友情的人生才更有意义。

初恋只是历史，当下才是幸福

    人世间有一种爱，在彼此的心里生根发芽，却不一定会开出芬芳的鲜花，它也是一种情，因羞涩而神秘，因朦胧而激动，没有天长地久，却是终生难忘。那就是初恋，像烟花般，片刻的璀璨之后，就只剩下无边无际的荒凉一路蔓延，它总是让人想起。初恋的滋味，就像是小儿女折花嬉戏，青梅竹马，甜蜜却不知道结局。

    初恋的美好还在于它是两个人水晶一般美丽、晶莹剔透的世界。那种感觉，那种甘之如饴，那种情意绵绵，仿佛能让全世界都为之动容。初恋那么浪漫、那么甜蜜，却总逃不出伤感的宿命。可以说，初恋容纳了我们所有青春的梦想、所有年少的痴狂，所有情爱的萌动。初恋是一种像陈年佳酿的情感，年代越是久远，就越是让人回味。哪怕已经事隔多年，仍然历久弥新，想起来恍如昨日，仿佛脸上还带着情窦初开时的羞涩和激动。初恋总是带着一股诗的气息，忧伤婉转，那纯纯的爱虽然大多数无疾而终，但因它纯情如雪，反倒成为很多有情人心中永不磨灭的一个情感烙印。

（1）初恋虽然美好，但只是瞬间的历史

初恋虽然美好，但那时的我们大部分都懵懵懂懂，对爱情一知半解。也许正是因为懵懵懂懂，爱情才像手中的沙，因握不住而渐渐流失，因渐渐流失而令人惋惜，当人到中年后，回想起那一段段儿女情长，会觉得它非常难忘。

男人和女人，谁更难忘初恋。有人说是女人，也有人说是男人，结果不了了之。其实，难忘初恋与男女无关，而是与当下的幸福有着一定的关系，一般来说，如果一个人感情不顺利，婚姻不美满，那他就会经常想起初恋的美好，比如：日本作家川端康成的经典名著《伊豆的舞女》中有个形单影只的老教授，法国作家杜拉斯的著作《情人》里有个皱纹密布的老太太。他们的当下如此孤独与不幸，以至于总是靠回忆来打发日子，即便他们现实生活中的感情世界不是一片空白，但还是想忘记当下的处境，回忆昔日的爱恋，勾起无限的惆怅。

仓央嘉措的诗句实在太美好，把初恋的甜美与无奈描写得淋漓尽致："第一最好不相见，如此便可不相恋。第二最好不相知，如此便可不相思。第三最好不相伴，如此便可不相欠。第四最好不相惜，如此便可不相忆。第五最好不相爱，如此便可不相弃。第六最好不相对，如此便可不相会。第七最好不相误，如此便可不相负。第八最好不相许，如此便可不相续。第九最好不相依，如此便可不相偎。第十最好不相遇，如此便可不相聚。但曾相见便相知，相见何如不见时。安得与君相决绝，免教生死作相思。"若想不受伤，只有不相遇，不相知，不相爱。如果从来都不曾相遇该多好，初恋也就不会成为难以割舍的记忆碎片了。

初恋，因为不完美而弥足珍贵，就像断臂的维纳斯一样，没有人会因为她的不完美而觉得她不够美，相反，正是因为她的不完美，留给了人们无数的遐想。初恋就是这样，因为不完美而更加美丽，然而，这一刹那间的美丽，成就不了当下的幸福，所以，我们要懂得放下。

（2）当下的幸福远胜于初恋的美好

初恋就是第一次相恋，因对方而无端伤心，因对方而愁肠百结，因对方而羞红了双颊，因对方而眉开眼笑，在初恋时分，你们哭过、笑过，也曾爱过。就这样，初恋长在了我们的记忆里。似乎人们对初恋的快乐时光总有难以割舍的情怀。因为初恋时懵懵懂懂，所以我们才会更加渴望爱情，而爱情的最终归宿便是和你爱并爱你的那个人一起走进婚姻的殿堂。但和你一起走进婚姻殿堂的往往未必就是你的初恋情人，在这种时候，初恋只能成为一种记忆，而不应该牵绊你一生。如果和婚姻中的另一半生活的时候，心里想着初恋的情人，这是一件非常不公平的事情。

那么，初恋，你可以忘了吗？许多人不会忘记初恋，因为忘不了或者不愿意忘。毕竟，那是我们的第一次尝试爱情的甜蜜。但根据人的本性来讲，大多数人在其一生中不可能只爱一个人。无法忘记，往往是因为人们总觉得失去的都是最好的，所以才会忽略到手的幸福。英国埃塞克斯大学社会与经济研究院教授马尔科姆·布里尼恩的研究显示，初恋的美好时光恰恰是未来婚姻幸福的障碍。人们往往会把初恋的激情和未来感情生活作比较。因此，很多人都把幸福当作是一个比较级，和初恋相比，眼前的幸福总是那么平淡无奇，而初恋，总是那么值得回忆。可是，你却不知道，你已经为你的幸福埋下了一个路障，初恋固然美好，但是往事已矣，最重要的是眼前的幸福。

其实，一个年龄段会有一个年龄段的爱，一个时期会有一个时期的幸福，不能忘记是因为不想忘记，舍不得忘记。不能忘记也是无可厚非的一件事情，但是，执着是困人的，痴情是伤人的，回忆是磨人的，因此，请好好珍藏你的初恋，不要有事没事拿出来伤害你现在的爱人。世界上最珍贵的不是"得不到"和"已失去"，而是现在能把握的幸福，只有将初恋放进记忆的口袋，珍惜当下，才能收获一份幸福的爱情和婚姻，而这也是一个智者会选择的幸福方式和状态。

初恋是很多人都无法企及的美好，是一份甜蜜的记忆和幸福的回味，虽然守着一份记忆未必就不是一种幸福，但如果你决定了要和另一个人生活在一起，为了你们共同的幸福，请收好你的那份记忆，安顿好你的刻骨铭心。如果身陷初恋的回忆而无法自拔，恐怕在未来的感情生活中，要想找到幸福感就不那么容易了。我们活在现实中，需要面对的东西很多，尽管感情是私人的东西，但它却不可能完全脱离生活。有些时候，如果初恋修成正果，初恋转化成婚姻之后，不一定就是我们想要的那种幸福生活。因为生活在变，人也在变，难忘初恋，固然是一种专一的情感，但相对于下一场恋情，下一场婚姻未必是好的。再浓烈、再痴情的感情最终都将要去面对今天和明天的生活，所以，请爱情中的双方变得智慧一些，让两人成为幸福的共同缔造者。

CHAPTER 3
第三章
静下来工作，蜗牛爬坡才能赢在职场

　　现实生活中，也许我们的工作没有多大的趣味，也许我们的事业缺乏应有的挑战，也许我们的加班得不到可观的报酬，也许我们的表现得不到上司的认同。即便如此，我们也应该努力让自己体验到更多的工作幸福感。与其感叹工作的种种不如意，不如静下心来好好工作，并细细品尝其中的美妙滋味。

测量一下你的工作幸福指数

众所周知，人的一生有三分之一以上的时间用在工作上，而据一项"工作幸福指数调查"显示，只有十分之一的人在幸福地工作，情况不容乐观，这样一种状况，使得探讨工作中的幸福感来源成为必要。请看下面一则职场小故事：

有一位经济学专家在某企业界做内训时，对学员这样问道："如果今晚发现自己中了头彩，明天你还会来上班吗？"学员们会心地笑了起来，并踊跃地举手表态，结果有70%~80%的学员表示还会来上班，专家惊讶地合不拢嘴道："这太神奇了，这么多人都会来吗？你们真是好样的！"这时有人说："当然会来上班了！明天一大早我就得来公司办离职手续！"正在专家惊慌失措的时候，全场爆笑，大家都鼓掌叫好。

爆笑声和掌声持续了很久，终于一切恢复平静，专家又开口问："除去那么多明天来办离职手续的，还剩下少数明天来上班的！请问，明天继续来上班的同志，你们明天会以什么样的心情来上班？"有一位学员大声地说："中了头彩，做了亿万富翁，以后上班的心情就大大放松，工作起来会更加得心应手啦！"

最后一位学员口中说的"工作起来会更加得心应手"，其实指的就是工作的幸福指数提高，如果你带着好心情去工作，就会产生很大的幸福感。

（1）工作幸福感的源泉在哪里

快乐地工作，就会工作得快乐，工作快乐就是在工作中产生了莫大的幸福感。就工作中要产生幸福感的问题，很多相关人员发表了自己的意见和观点，总结起来有这么几条：

①工作幸福感源于某人对某种工作的热爱。这热爱来自工作本身的意义、工作者的期望值以及他的工作能力。如果一个人对自己的工作内容很感兴趣，对自己的未来有所期待与展望，工作起来就会充满激情和信心，因此会取得良好的工作业绩。因为在这种情况下，工作不再是一种单纯的谋生手段，而升华到一定的事业高度，从而吸引职场人士更加专心致志地投入到其中。

②工作幸福感源于某人的工作成就感。这种成就感是工作的高峰体验，往往可以化解过程中的众多琐碎和劳累，让工作者快速升腾到幸福的云端。尤其对于参加工作不久的职场新人，更加会领悟到这份感觉，更加珍视这份幸福感。

③工作幸福感源于融洽的人事关系。人际关系融洽营造的是一种细水长流的幸福氛围。职场人士对这种环境的依赖和感受，是日积月累

的。例如，小杨所在部门的工作环境轻松愉快。她在公司里可以将自己的个性展露无遗，不必戴上一副假面具做人，因此心情很放松。虽然在严肃的工作问题上，大家也会争个面红耳赤，但持续时间不会超过半个钟头，只要达成共识，马上就会有人找出轻松的话题来稀释陷入僵局的气氛。如果她某一天感到不舒服，同事都会争相帮忙打饭，或者帮着处理一些事情，这让她很感激，所以工作情绪相当好。

④工作幸福感源于工作时的充实感。在忙碌中收获，在忙碌中提升，感觉每天都没有白过。例如，刚刚毕业的小黄，谋得了一份媒体工作，他的工作很辛苦，但是他很乐观，认为密集的工作能够让自己紧张亢奋起来，认识很多人，见识很多事，体味到生活的意义。他在跑热线的时间里，虽然都要遇到说大不大说小不小的事件，他总是不厌其烦地让自己津津有味地投入进去。对于他要采访的人物，如果对方不配合，他就大动脑筋去撬开对方的嘴巴；如果对方比较粗鲁，他就细致观察对方的言谈表情，从而寻找友好交谈的突破口。

⑤工作幸福感源于企业带给员工的归属感。一个幸福工作着的人，无疑是一个更有创造力的人，对企业的发展尤为重要。而工作中能否感受到幸福，除了个人原因之外，很重要的还在于企业本身能否给员工提供归属感。作为一个企业，要让员工感受到来自企业的温暖，必须要树立起和谐包容的公司文化形象，并不断强化，形成一股核心力量，并鼓励大家形成融洽友好的同事关系，同时，要加强团队建设，建立较为人性化的工作制度和薪酬体系，形成良好的激励机制，并及时了解每一个员工的需求，让大家获得优越的工作归宿感。

（2）学会在工作中感受快乐

有关心理学专家研究发现，某些情商高手在回答"为什么而做这份工作"的问题时，先冒出来的答案总是："这份工作很有趣！"也就是说，这些情商高手深切懂得为乐趣而做，而非为钱而做的道理，并拥有在工作中寻找快乐、体验快乐的能力。当然，这并不代表他们不需要钱或不喜欢钱，只是他们清楚地了解，当我们把工作的焦点放在获得乐趣上时，才会越来越努力，越来越高效。

如果一个人是整天在心情上背负着为钱而做的沉重十字架，一旦在工作上遇到挫折，就很容易陷入无可奈何的愁苦之中，既赔上心情又毁了业绩，就会得不偿失。因此，在工作中寻找乐趣，就变得至关重要了。但是，如何在看似单调枯燥的工作中找到乐趣呢？你知道吗？乐趣不是找来的而是感受到的。心理学家提醒我们，快乐的动力来自于心底的满足，而不是建立在外在的诱惑。

一个不懂得感受快乐的人，即使中了头彩，依旧找不到乐趣，他们会想：有了一亿又怎样，上一期那个中了三亿！而一个拥有体会快乐的人，不论外在环境为何，也总能发挥心理健康的强人作用，时时感受到轻松与喜悦。所以真正的问题应该是：如何在工作中感受乐趣？下面分享几个好方法：

①活在当下。这是找回快乐的基本功力。请试着放慢脚步，去专注感受当下的情境。例如，吃饭时闭上眼睛，只专心感受食物的味道；听音乐也全神贯注听出感觉，接着就能在工作时练出心无旁骛的专注。只

有专注，才可能有感触，有所感触，才可能有所体验，幸福的感觉就会与你的心灵不期而遇。

②心怀感激。当你在心情低落时，想三个值得感激的原因，就能消除负面的情绪，重新感受快乐。所以，请放弃向外界寻找快乐的念头，而培养感受乐趣的功力，如此一来，你就每大都能快乐地工作。

总之，如果我们要提高工作的幸福指数，就要留心、留意、珍惜自己所拥有的，感恩生活给予我们的。对于每一份工作，我们都要认真地去做，去体验其中的乐趣，让工作来丰富你的人生，这就是幸福的真实感觉。

加班，多做一点也累不到哪儿去

对于职场人士来说，加班已经是一件屡见不鲜的事情。过分计较不但对自己的工作情绪没有好处，对自己的升职加薪也毫无益处。而且，一个人在快乐的心态下工作，工作对他来说就没有什么压力，而且还会事半功倍，收到很好的效果。但是如果他在埋怨愤懑的心态下工作，即使人在，心也不在那里，又怎么会有很好的工作效率呢？这样的结果只会是加班照样要加，心情却一直郁闷着，当然做事也必然是事倍功半。这又何必呢？过分计较加班，会让你的内心陷入痛苦，给你的工作带来阻碍。

（1）加班是为自己争利益

某些职场人士喜欢抱怨公司无休止的加班，榨取自己的休息时间，并且对此耿耿于怀。对于他们来说，加班好像毒蛇猛兽，既害怕又反感。其实，我们需要一个良好的心态和敬业精神，才能在加班时找到平衡，甚至能在加班中学到更多的知识和技能，为你以后的升迁和成功做准备。

采莲在一家文化公司工作，她从一开始的文员到现在负责一些管理工作，不知不觉中已有8年多了。

当初进入这家公司时，采莲只是一个小小的文员。但她是一个非常懂得知足的人，她觉得自己能找到这份工作已经很不容易了，就应该尽心尽力地为公司干活。公司没有加班的习惯，所以，每当下班后，人们都陆续回家了，但只有她的顶头上司仍然留在办公室里加班，而且一待就是很晚。

采莲看到上司如此勤奋，于是，也决定在下班后留在公司加班。她主动加班只是希望在必要的时候可以为领导提供一些帮助。果然，在上司加班过程中，经常需要人替他把某个文件找来，或者是交代对方做其他的事情。

久而久之，采莲不仅对公司的业务越来越熟悉，而且更重要的是上司养成了招呼她的习惯，即习惯了她的存在和帮助，并把越来越多的工作交给她。就这样，她凭借着自觉地加班，慢慢得到了领导的重视，也不断地获得升迁的机会。

故事中的采莲就是一个聪明的加班族，她懂得加班的重要性，也懂得用加班来为自己的职业生涯增添色彩。这就是加班时的一种积极心态。其实有些时候，加班真的不是像人们想象的那样痛苦和难熬。把心态摆正了，就不会觉得心理不平衡，也不会觉得煎熬了。况且，加班很多时候是你无法左右的事情，即使你再怎么不乐意，也无法改变，与其和无法改变的境况较劲，还不如多用一些心思在工作上，这样也能提高你的工作效率。

（2）加班是为自己做嫁衣

在大多数时候，别人的眼睛都是雪亮的，而公司老板的眼睛更亮。当你把事情做到最好的时候，老板不会视而不见，他的心里也会随之对你产生一种惜才之感，给你加薪，提拔你。只有这样，他才会对你的付出感到更加安心一些，当你的老板为你的额外付出用心安来衡量和弥补的时候，你就成功了一大半。所以说，当一个人什么都不计较，只是一心努力的时候，到最后，他可能也是得到的最多的那个人。

刘鑫是一家公司的中层管理人员，他每天都有做不完的事情。最近，公司的新产品马上就要上市了，可是还是有很多的执行方面的问题，尽管营销的方案已经做得很完善了，但是这些东西不管多么的完美，只有通过市场的检验才可以，所以越是到产品上市的时候，需要做的工作就越是细致周密，需要付出的时间和精力也就更多，但是目前公司里面并没有太多的人注意到这个问题，包括他的上司也没有注意到，而他作为一个公司的中层管理者，要承担的责任很多。

刘鑫在新产品将要上市的前一天的下午召开了一次全体员工的大会，在大会上他提到了加班的问题，起先有一些员工感到不满，纷纷插嘴：

"我们已经上足8小时班了，为什么还要加班？"

"8小时之外，我的时间我做主，为什么还要为了一点加班费累着自己呀！"

"加班加点的日子太悲催了，我是晚上七点半准时收看黄金时段的电视剧的，我不能为了加班，放弃艺术追求吧！"

"加班就是超负荷工作，给我8倍加班费，我也不稀罕！"

刘鑫听了大家的发言，语重心长地说："最近一段时间，一定要把工作做好，因为新产品上市的前一段时间，是极其重要的一个时期，只有付出的努力越多，得到的效果才会越明显。我们现在确实需要付出更多的时间来完善我们的工作，同时对于加班这个问题，我是这样理解的：其一，你们老板绝对不是资本家，公司会给员工合理的加班报酬，相信付出就有回报；其二，希望每个人都把自己做的事情当成一件事业来做，而不是任务，只有这样你才觉得很轻松很幸福，任务会让你厌烦；最后我们都在为自己加班，因为每个人都要不断学习才能更强，差距是在别人休息而你去学习工作中形成的。成功者是在加班中战胜对手的。好了，我就说这么多，你们都很聪明，希望你们能为自己加班。"

新产品上市的活动全部结束之后，刘鑫取得了很好的成绩，他的职位又得到了进一步的提升，在这个活动中表现突出的员工也都得到了相应的奖励。

事实上，天下没有免费的午餐，你付出的越多，你得到的也就越多。不要去羡慕那些在事业上成功的人，他们的成功更多的时候是在别人的酣睡中炼成的，当你在玩乐的时候，他们可能在通宵达旦地学习工作，他们在寻找新的机会和未来。

热爱你的工作，你才能把它做好

身在职场，我们不应该把自己的工作当作一种无奈，而是要以积极的心态投入工作。不同的工作心态会导致不同的工作效果，只有养成良好的心态，把工作当成人生的乐趣，你的人生才会拥有精彩和辉煌。

（1）厌恶工作，你会身心疲惫

现实生活中，也许我们不得不做一些令人厌烦的工作。这时候就有可能产生厌职情绪，就算是给你一个很好的工作环境，如果总是一成不变的话，任何工作都会变得枯燥乏味。举个例子来说：很多在大公司工作的员工，他们拥有渊博的知识，受过专业训练，拿着一份不菲的薪水，但是他们中的很多人对工作并不热爱，甚至视工作如紧箍咒，只是为了生存而不得不出来做事。于是，面对工作，他们精神颓废、未老先衰，工作对他们来说毫无乐趣可言。

兰多多是一家汽车修理厂的修理工，从进厂的第一天起，他就开始喋喋不休地抱怨自己的工作："修理这活真不是人干的，瞧瞧我身上脏兮兮的样子"、"真是累死人了，我简直要崩溃了，真的不想再干下去了"、"凭我的本事，找个什么样的工作不行，非要来这里受这份罪"！每天，兰多多都是在抱怨和不满的情绪中度过的。他常常认为自己在受煎熬，在像奴隶一样做苦力。因此，兰多多每时每刻都窥视着师傅的眼神和举动，稍有空隙，他便偷懒，敷衍了事地对付手头的工作。

几年过去了，与兰多多一同进厂的工友们各自凭着自己的手艺升职加薪，或被公司送进大学进修了，唯有兰多多，仍旧在抱怨声中，日复一日地做着他一直鄙视却又不得不做下去的修理工。

事实上，不管你是为了什么目的从事现在的工作，要想获得成功，就要对自己的工作热爱。若你也像兰多多那样鄙视、厌恶自己的工作，对它投注"冷淡"的目光，那么，就算你正从事最不平凡的工作，也不会有任何成就。

所以说，一件工作能否做得有声有色，取决于你的看法与心态，对于工作，你可以做好，也可以做坏。面对一份工作，你可以选择高高兴兴和满怀骄傲地做，也可以愁眉苦脸和厌恶不堪地做。怎样选择，完全在于你自己。因此就算是为了你自己的生活过得更好，也得让自己充满活力与敬业精神。

（2）热爱工作，你就能走进成功

作为员工，你有责任去热爱你的本职工作，即使这份工作你不太喜欢，也要转变观念，去热爱它。因为只有你去热爱了，才能发掘出你内心蕴藏着的活力、热情和巨大的创造力。付出和结果永远是成正比的，你对自己的工作越热爱，决心越大，工作效率就越高。

看了下面这个案例，你就会明白消除厌职心态，同时用积极的心态去面对工作，热情地投入到工作当中去，这是多么重要的一件事情：

夏军在某个知名的国际贸易公司上班，好朋友杜威很是羡慕，夏军却对自己的工作不太满意，他总是抱怨自己的工作和老板。

有一天，夏军愤愤地对杜威说："我们老板一点也不把我放在眼里，他总是说我业务不精，能力不行，对工作不尽心！真是气死我了！改天我要对他拍桌子，然后辞职走人！我要炒他的鱿鱼！""你别动不动就炒老板鱿鱼！你得考虑下，你辞职了，去哪里上班？你有什么经验和能力，让其他的公司接收你？"杜威劝慰道。

夏军苦笑道："我再不济，也算是有两年经验的业务员了！可我们老板还不知足，他生意蚀本，却怨到我头上，说是我做的外贸单子有错误，所以害他赔偿那么多钱！"杜威莞尔一笑："你还犯过这种低级错误啊？你对于公司业务完全弄清楚了吗？对于他们做国际贸易的窍门都搞通了吗？我建议你好好地把公司的贸易技巧、商业文书和公司运营完全搞通，甚至如何修理复印机的小故障都学会，然后辞职不干，那样才能最大限度地打击你的老板。这种报复才叫爽！"

夏军听从了杜威的建议，从此便默记偷学，下班之后，也留在办公室研究商业文书和有关贸易条例。一年后，杜威问夏军："怎么样？你现在许多东西都学会了，可以准备拍桌子不干了吧？要不要马上实施报复行为？"夏军却忧虑了："可是我发现近半年，老板对我刮目相看，最近更是不断委以重任，又升职，又加薪，我现在是公司的红人了！"

"这是我早料到的！"杜威笑着说："当初老板不重视你，是因为你的能力不足，又不专注工作；而后你痛下决心，能力不断提高，老板当然会对你刮目相看。不要抱怨老板势利，不要抱怨工作不如意，而是要深刻反省自己。如果我们不是仅仅把工作当成一份获得薪水的职业，而是把工作当成是用生命去做的事情，自动自发，全力以赴，我们就可能获得自己所期望的成功。"

请善待自己的工作！无论是理想中的工作也好，还是屈就现实也罢，理想与现实有差距是普遍规律。工作的种种不如意并不能代表你就是失败的人，更不可因此对职场产生厌倦或是逃离的心理。要在理想与现实之间寻找平衡，并从工作中提炼出受用一生的职场之道，才是本事。当你全身心地投入一份工作时，上班就不再是一件苦差事，工作就变成了一种乐趣，就会有许多人愿意聘请你来做你更热爱的事。而且，有了这种热爱，你就不会再去抱怨，不会再感到空虚，你就会从中获得巨大的快乐和成就。

不做孤雁，懂得利用合作的力量

在竞争激烈的当今社会中，很多人都在忙碌着自己的工作，忙碌着怎样战胜别人，但是这种忙碌往往成为其取得更大成就的瓶颈，因为，他们已经陷入了自己孤立的忙碌怪圈中，甚至是在瞎忙。实践证明，合作才能做出更大的事业，才能取得更好的成就。因此，要想让自己的工作更有成效，就必须跳出单打独斗的圈子，去与他人合作。

（1）与人合作胜过单打独斗

如今是一个团队合作的高效时代，单打独斗的英雄情结早就过时了，因为在今天这个纷繁复杂的世界里，任何人都不可能是全能的，任何组织或者个人不可能拥有自己需要的所有资源。这就决定了合作是必要的，即使是完成一件很简单的事情，也离不开与他人的合作，除此之外，我们别无选择。我们所能选择的只是怎样与别人合作，是真诚谨慎，还是漫不经心，是使用有效的方式，还是无效的方式。

合作对于职场中人来说至关重要，拥有共同目标与集体荣誉感的人们可以更快、更容易地达到他们想要达到的目标，因为他们凭借着彼此的冲劲、助力而向前行，在这股助力的推动下，他们的忙碌往往能得到更多的回报。

其实，善于合作就是走捷径，有了众多人的力量，无论多难的问题都可能在较短的时间内解决；不善于合作，遇到困难，不仅会耗费很多时间和汗水，到最后也不一定能顺利解决问题，这样的忙碌也是一种无谓的忙碌。

这个社会上没有完美的人，当然也没有一无是处的人，无论是在什么样的情况下，学会欣赏他人是很重要的。有一种说法叫孤掌难鸣，诸葛亮是一个文韬武略、智勇双全的人，只要他出场，几乎可以夺得每一场战争的胜利，但有个前提就是他的计谋必须得到部下的全力配合。在制定战略上，诸葛亮依然需要蒋琬等与之出谋划策，上阵杀敌也要靠关羽、张飞等将士拼力冲杀。

现代社会是沟通、互补、合作的时代，也是一个实现双赢，资源共享的时代。因此，只要通力合作，增进交流、沟通，就能创造一个和谐发展的环境，对每个人或每个团体来说都是十分有益的。

（2）合作是双赢的前提

由于工作的需要，人们每天都需要与不同的人打交道，不管你愿意与否，身在今天，没有人能够到山林孤岛去隐居，去忍受鲁滨孙式的孤独生活。为了让自己的努力换来更大的成功，我们需要借助外界环境和周围人的帮助。

有人说，这世上没有永远的朋友，只有不变的利益。利益的驱动，才造就了那么多成功的合作。但是，无论是朋友，还是利益，成功是最重要的。因此，懂得与人合作，借力使力，不失为一种明智的选择。职场上，人与人之间的交往，无论是私人交往，还是业务关系，如果它是以成年人那种互利观念来支配的话，对双方都有益。你为别人提供急需的东西，人家也会满足你的需求。

青年演员米歇尔刚出道时，英俊潇洒的外貌以及绝佳的表演天赋，使他受到许多人的欢迎，很快就成为重要演员。然而，这还远远不够，他的目标是把自己刻在全国每一个人的心目中。所以，他需要有人为他包装和宣传以扩大名声，也就是说，他需要一个公共关系公司为他在各种报纸杂志上刊登他的照片和有关他的文章，增加他的知名度。

幸运的是，米歇尔认识了曾经在纽约一家最大的公共关系公司工作了好多年的莉莎女士。莉莎不仅熟知业务，而且也有较好的人缘，自己刚刚开办了一家公关公司，并希望最终能够打入有利可图的公共娱乐领域。然而，当时比较出名的演员、歌手，甚至夜总会的表演者都不愿同她合作，她的公司主要靠一些小买卖和零售商店获得，经营得非常吃力。

米歇尔和莉莎经过一番密谈，联合了起来。莉莎为米歇尔提供出头露面所需的经费，他们的合作达到了最佳境界。英俊有才华的米歇尔常常在电视剧中出现，而莉莎则让一些较有影响的报纸和杂志把视线放在他身上。随着米歇尔名气越来越大，莉莎也出名了，越来越多的知名演员开始找她洽谈业务。

　　上面的故事中的两个人物，他们互相满足了对方的需要，也使自己的需求得到了满足，也就是达到了共赢的效果。米歇尔通过莉莎获得为自己做宣传的开支，莉莎则通过米歇尔吸引了众多的名人，这就是与人合作产生的积极作用。与人合作，有时候不是自己无法独立完成，而是为了更好地发挥各自的优势力量。为了达到双赢，为了更快更好地取得成功，合作绝对是一个好的选择。

低调不显山，深沉不露水

从某种意义上说，显山露水是为了显示自己的高明。一旦显示出你的高明，则意味着他人的无能。如此一来，你就会使自己陷入他人的非议之中。因此，即使你的确拥有着过人之处，也不要急于露出锋芒，而应当保持低调深沉。

（1）显山露水的悲剧

聪明的职场人士总是可以做到不显山、不露水，这是一种工作品格与姿态，一种工作风度与修养，一种工作智慧与谋略。若是你在各个方面均极力展示自己，把自己晾在他人的目光下，未必能够拥有好的结局。

柳依依从某大学的金融学专业毕业之后，便在一家国有大型企业担任销售助理，试用期为三个月。实习期间，柳依依在业务方面总是完成得特别出色，她独具一格的谈判水平，更是令总经理对她刮目相看。

然而，令柳依依感到出乎意料的是，三个月的试用期结束时，公司的人事部门经理却委婉地告诉她："国庆节长假结束后，你也不必再来公司了……"

柳依依每当回忆起此事的时候，她总会这样对朋友说道："或许是由于我工作表现得过于出色，有一些人际关系问题没有注意，反而失去了工作。"

后来，她才得知，单位领导和同事对其工作能力没有任何疑义，却对她的综合表现提出这样四个字——显山露水，过于渴望崭露头角，不注意协调人际关系，对于老员工不够尊重……这些均是柳依依的致命伤。

柳依依对于自己的意外出局感到委屈，但也只好接受这个现实，她总结了这段实习经验："或许我对如何处理社会关系还不是十分了解，原本想把事情做好，结果却适得其反。比如在一次谈判过程中，我的确完成得十分出色，但后来不免觉得有些越俎代庖。事实上，我仅仅只是一个销售助理，诸多事情还是应由销售经理来决定和处理，当时的自己并没有意识到这一点，后来老总表扬了我，却让我的经理感到难堪。"

职场上，处处显山露水是极易遭人嫉妒的。要知道，世间的万事万物都起之于低，成之于低。因此，不论是在生活中，还是在工作中，都要学会隐藏自己，放低自己的姿态，既不要过于暴露自己的目标，又不要轻易亮出自己的底牌，更不要在他人面前显露自己的锋芒。只有低调做人，方能在人生的道路上少一份伤害，多一份顺心；唯有销声匿迹，方能在运筹帷幄中少一份嫉妒的目光，多一份完美的和谐。

（2）不显山不露水，方能求得发展

若你是一个十分有才华的人，切记千万不可过分的炫耀自己的才华，更不可毫无保留地将自己的一切都和盘托出。否则，你必然会招致他人的反感，最终吃了大亏而不自知。因此，在平日的工作中，应善于隐匿，不可过于显山露水。

东汉末年，曹操挟天子以令诸侯，有着非常庞大的势力。虽然当时的刘备贵为皇叔，却势单力薄。为了防止曹操对自己进行谋害，他不得不在住处的后园里种菜，亲自浇灌，以为韬晦之计。由于张飞与关羽被蒙在鼓里，他们责怪刘备不关注天下大事，却学习小人之事。

一天，正当刘备在浇菜的时候，曹操派人前来邀请他，刘备只好胆战心惊地前往丞相府。见到刘备之后，曹操却不动声色地问道："你在家做什么好事呢？"说者有意听者更有心。刹那间，刘备便被此句话语吓得面色发青，曹操又改口说道："你在学种菜，实在不易。"

这时，刘备才稍稍放松了一下。曹操接着说道："刚才我看到园内青青的梅子，不禁想起'望梅止渴'，今天看到此梅，却不可不对其赏赐，恰逢煮酒正熟。因此，便想邀请你到小亭会面。"听到此番话语，刘备这才心神镇定。当他们来到小亭时，便看到酒器都已摆好，青梅被放置于盘内。于是，他们便把青梅放在酒樽里煮沸，二人对坐开怀畅饮。

酒至半酣时，猛然间天空乌云密布，大雨即将到来。而此时曹操

却大谈龙的品行，并把龙喻为当今的英雄，他还向刘备问道："你说当今的英雄是谁？"刘备却装出一副心无大志的样子，随意说出几个人的名字，都被曹操加以否定。曹操一心想了解刘备的志向，便接着说道："作为英雄，就应该胸怀大志、运筹帷幄，这才是能够神机妙算、志存高远的人。"

听了此言，刘备便装作好奇地问道："那么，谁又能当英雄呢？"曹操便直截了当地说道："当今天下的英雄只有你我二人。"听了这样的话，刘备大吃一惊，顿时他手中所拿的筷子，也在惊慌中掉到了地上。这时正逢天降大雨、雷声大作，刘备突然灵机一动，声称自己是因为害怕打雷而掉了筷子。

看到刘备胆怯的样子，曹操这才放心地问道："作为大丈夫也害怕打雷吗？"刘备回答道："圣人对迅雷烈风也会失态，我还能不怕打雷吗？"通过刘备的此番掩饰，曹操便认为他是一个胆小如鼠、胸无大志的庸人，从此对其有所松懈。

这个历史故事告诉我们：正是因为刘备的不显山不露水，才使得他在曹操面前既不夸张、又不显耀自己的志向，这才使得曹操对他放下了戒备之心；正是因为刘备甘于在园中种菜，适时地收敛与掩饰自己的真实志向，才使得曹操对其防范松懈，这才为他后来的夺占徐州创造了机会。试想，若是刘备是一个处处显山露水的人，一定会成为曹操的眼中钉、肉中刺，那么，曹操在自己的势力不断扩大的情况下，肯定会先将其除之而后快。这样的话，历史便会出现另一番景象了。

扔掉拐杖，迈动自己的双脚

依靠拐杖走路，意思是做事情无法独立完成，总是希望能依赖点什么，尤其是依赖别人，也就是依靠别人的拐杖走路，是一种懒惰心理作祟的结果。人们经常持有的一个最大的谬论，就是以为他们永远会从别人不断的帮助中获益。其实，如果你依靠他人，你将永远坚强不起来，也不会有独创力。要么抛开身边的拐杖独立自主，要么埋葬雄心壮志，一辈子老老实实做个普通人。因为真正可以做大事的，他们的选择是：扔掉别人的拐杖，迈动自己的双脚！

（1）自发的力量最强大

每个人都有自己的力量，而依靠他人只会削弱自己的力量，自己的力量才是最强大最有效的。因为习惯依靠外界的力量会破坏自己的独立自主能力，而独立自主是开启成功之门的力量源泉。因此，成功的人总是坚持自立，拒绝依靠。

初入职场的年轻人需要自动自发，而不是依靠他人。大多数年轻人天生就是学习者、模仿者、效法者，如果给他们太多帮助，他们很容易变成仿制品。当你不提供拐杖时，他们就会无法独立行走。爱默生说："坐在舒适软垫上的人容易睡去。"依靠他人的人，总是认为会有人为我们做任何事，所以不必努力，这种想法对发挥艰苦奋斗精神是一个致命的障碍和绊脚石。

试想一下：你认识的人中有多少人只是在等待？其中很多人不知道等的是什么，但他们在等某些东西。他们隐约觉得，会有什么东西降临，会有些好运气，或是会有什么机会发生，或是会有某个人帮他们，有些人在等着从父亲、富有的叔叔或是某个远亲那里弄到钱。有些人是在等那个被称为"好运"的神秘东西来帮他们一把，好让他们在没受过教育，没有充分的准备和资金的情况下为自己获得一个良好的开端。实际上，习惯等候帮助、等别人拉一把、等着别人的给予，或是等着运气降临的人，绝对不可能成就大事。只有抛弃身边的每一根拐杖，破釜沉舟，依靠自己，才能赢得最后的胜利。自立是开启成功之门的钥匙，自立也是力量的源泉。

老曹经营了一家大型的房产公司，他的儿子小曹对房产业务非常感兴趣，大学毕业后想进父亲的公司一展拳脚，可是老曹没有答应，他准备让小曹先到另一家企业去工作，让他在那里锻炼锻炼，吃吃苦头。曹妈妈不同意了，为什么要让儿子去外面吃苦？老曹说："在父亲的溺爱和庇护下，想什么时候来就什么时候来，想什么时候走就什么时候走的孩子很少会有出息。只有自立精神能给人以力量与自信，只有依靠自己才能培养成就感和做事能力。"曹妈妈听了，觉得有道理，于是答应并鼓励儿子出去闯荡。

故事中的老曹是个明事理的父亲，他明白：把孩子放在可以依靠父亲或是可以指望别人帮助的地方是非常危险的做法，因为待在家里、总是得到父亲帮助的孩子一般不会有太大的出息。而当他们不得不依靠自己，不得不动手去做，或是在承受了失败的打击时，他们通常能在很短的时间内发挥出惊人的能力和巨大的能量。一旦你不再需要别人的援助，自强自立起来，你就踏上了成功之路。

（2）自立是自尊的源泉

也许有些人会觉得：能够获得外部的帮助是一种幸运。但是，从不利的方面看，外部的帮助常常又是祸根，给你钱的人可能并不是真的想帮你。真正的朋友是鞭策你，迫使你自立、自尊的那些人。世上没有比自尊更有价值的东西了。如果你试图不断从别人那里获得帮助，你就难以保有自尊。如果你决定依靠自己，独立自主，你就会变得日益坚强。

1914年的冬天，美国加利福尼亚洲的沃尔逊小镇上来了一群逃难的流亡者。镇长杰克逊大叔带领好心的人们给他们送去饭食，可怜的逃难者们个个狼吞虎咽，连一句感谢的话都来不及说，只有一个骨瘦如柴的年轻人除外，他看着眼前的食物，问杰克逊大叔："如果吃下你这么多东西，我可以为你做点什么？"杰克逊大叔和蔼地说："你不用做任何事情。"这个年轻人将接触到食物的手缩了回去，目光也黯淡下来：

"那我不能白吃你的东西！"杰克逊大叔想了想说："我想起来了，我家确实有一些活儿需要你帮忙。等你吃过这些食物，我就带你去我家干活。""不，等我干完活，再吃这些东西！"杰克逊大叔只好说道："小伙子，你愿意为我捶背吗？"于是，这个年轻人迅速弯下腰，开始给杰克逊大叔捶背。接着，杰克逊人叔留下这个年轻人在庄园里干活，还将他招为上门女婿，并对女儿玛格珍妮说："别看他现在一无所有，可他将来百分之百是个富翁，因为他懂得自立，因为他有尊严。"后来，这个年轻人果真成了亿万富翁，他就是美国赫赫有名的石油大王哈默。

世界上许多成功者和哈默一样，都是从自立自尊开始的。自尊是人生的底价，自立是人生的基点，在任何时候都不能失守，不能放弃。一个人尊重自己，会得到别人的尊重；一个人自强自立，才会超越自己。

自立自尊也是一种力量，更是一种高尚的品质。因为自立自尊总是建立在平等之上，要求别人尊重自己的人格，就必须首先尊重别人的人格；要求别人尊重自己的劳动，就必须首先尊重别人的劳动。尊重必然换来尊重，尊重也必然带来温暖。自尊者自成，自尊者自立。如果你正站在人生的十字路口，那也不妨从自立自尊做起。

成功没有公式，用心经营才是硬道理

　　作为社会中的一员，生活中有很多为人处世的标准，工作中有很多迎来送往的条例，正是因为有这些条条框框的公式般的约束，我们在做任何事情的时候，都能做到心里有数，也都有一个衡量标准和体例。也正因为如此，我们的世界才会有条不紊，顺畅贯通。但是公式并不是在任何时候都是最好的选择，毕竟制定公式的时候谁也没有预知未来的能力。应对突发状况，如果还套用比较死板的公式，很有可能不但解决不了问题，还会把问题搞得越来越复杂，最终影响到自己的进步和成功。

（1）用心经营，才是硬道理

　　在工作和事业上取得成功，其实都不需要太多的固定公式，而是要用心去感悟身边的人和事。只有用心地与别人交流，才会化解工作中、生活中的不快。要知道什么事情都是互相的，将自己的标准或公式暂且放下，用心接受每一个人、每一件事。

　　小芸和小璐是一个家具场的销售小姐，两个人工作都很卖力，在公司的口碑也很好，特别是两个人能互相为对方指出不足，互相学习对方的长处，在这样的工作模式中她们成长得很快。

公司里有个规定，就是每天早上销售部的员工来到工作场所之后，要大声背诵一遍公司条例，并且要坚定不移地以此为标准，旨在时刻提醒员工为顾客提供最人性化最贴心的服务。来公司两年了，她们两个也不例外，每天早上的第一件事就是背诵条例，并以此作为行为标准约束自己。

一天，一位中年妇女来到家具场准备为新家添置一些家居用品。当来到床上用品区的时候，她眼前一亮，觉得这里的每一件东西都是精美的工艺品，顿时爱不释手。于是用心挑了半天，终于选了好几件自己喜欢的去结账。谁知到结账的时候差了60块钱，这位女士觉得很窘迫，跟小璐商量着能不能把自己的手机先作抵押，回家拿钱来换。可是小璐很为难地说："对不起，我们公司有规定，这样是不可以的。要不您少选一件，回头再来买。"女士面露难色地说："我选的都是我最喜欢的，而且是搭配好的，缺一件回家怎么用呢，再说了，如果我改天来了这件卖掉了，又怎么办呢？"听到她们两个的说话声，小芸闻声赶了过来。问明白情况之后，小芸说："哦，原来是这样。您看这样行吗，我先把钱给您垫上，您也不用拿东西作抵押。等您哪天有空了，再给我也行，实在没空的话，就当是我送您的礼物了。好吗？"

那位女士本来已经有些失望了，可是听到小芸这样说，顿时很开心，很感激她的解围，然后拿着东西高高兴兴地回家了。第二天，她不仅把钱还给了小芸，还带来了几个朋友，上上下下总共消费了好几千，小璐看到小芸忙碌的样子，心里终于明白了，最好的服务是站在顾客的角度，用心服务。

这类的事情在我们的日常生活中时有发生。有些服务场所都是嘴上说着提供最人性化最优质的服务，一旦出现上述的状况就立刻板起脸孔，用"公司规定"说话。其实，很多时候，让顾客成为忠实客户的不是你的东西有多么物美价廉，而是你能真正地为顾客着想，用心去满足他们的要求。所以，不论是经营公司，还是经营生活，都要用心，让别人知道你的内心比你要经营的东西更优质，更吸引人，这样你就离成功不远了。

（2）成功需要新鲜血液

注入新鲜血液的意思就是：接受别人与你不同的做法，进而完善自己；理解别人与你的差异，进而获得友谊；欣赏别人与你的不同，进而让自己的生活更加丰富。世界上是无法找到完全相同的两片叶子的。人们的价值观、文化背景都会存在不同程度的差异。人与人之间的交流其实是心的交流，你理解别人，欣赏别人的同时也获得了别人的理解与欣赏。标准有些时候是做事情时的行动指南，一切行动都要向它看齐，但是当实际情况和标准产生冲突时，往往是那些懂得变通的人会灵活地面对标准，并最终收获成功。

某广告公司接了一个大单子，项目经理大王和普通职员小赵共同负责这个单子。刚开始的时候，他们的还能想到一块儿，做事商量着，可是越到最后，意见分歧越大。大王说："我们应该按照公司的标准和顾客的要求去策划。"小赵说："我们不能总是按照以前的套路走，那样做出来的广告既不新颖也不会有号召力。"他们总是为一件小事争得面红耳赤，最后，大王以经理的身份，命令小赵按照他的想法去策划。小赵无奈地退出了这次的策划。

大王和其他同事按照他的标准做了策划，最后交到了顾客那里，却没得到顾客的认可，大王说道："我们可是完全按你们的标准去做的，究竟是哪里不满意呢？"顾客说："这个策划案没有让人眼前一亮的感觉，我的标准只是供你们参考的，最重要的是广告要吸引人。你们应该跳出原有的模式，策划出符合产品需求的广告。"

大王无语，只好找小赵商量："也许我的思想已经落后了，只知道按照固有的标准去做事，没有多方面考虑问题。"小赵说："广告策划，主要是站在消费者的角度考虑问题，然后将广告创新，吸引消费者。也许当时我太激动了，所以也没和你好好谈。"结果，大王和小赵联手做了一次大胆的尝试，这个广告完成后，顾客非常满意。

这个故事就是要告诉我们，工作要与合作伙伴用心交流，工作也是要不断创新和变通，要不时地注入一些新鲜血液，让自己的步伐跟上时代的脚步。固有的模式也有它一定的道理，但有时固有的模式也会将自己的脚步束缚。不同的人，不同的事对应的工作态度和方式也应该不同。如果每个人都按照一样的职场标准工作，那么我们便失去了自己的特色。这样的话，我们做任何工作都没有什么区别了。

　　大千世界，纷繁复杂。社会是在不断发展变化的，没有什么绝对的标准公式。如果一切事情都按照固定公式来进行，那么工作质量并不一定会提高。如果我们都机械地按照每个步骤进行工作，就不可能会有创新。职场有时就像战场一般，不懂得创新，就意味着后退。如果你总是按照以前的公式做事，那么别人轻而易举地就可以将你打败。只要你打破了固有的公式，寻求突破，才会有所发展，事业也会不断进步。

CHAPTER 4

第四章
静下来积累，最珍贵的财富就在不远处

人生的财富有两类：一类是物质财富，拥有它的人如果只是徒有其表，内心空虚不已，那也不算是真正的富有；另一类是精神财富，拥有它的人懂得提高自己的精神境界、实现自己的人生价值，那么这是他一生的财富。人的一生就像一条蜿蜒的道路，财富就是路边的风景，只有拥有好看的风景，人生之路才显得不那么曲折和艰难！

贫穷不是堕落的借口

生活中有一些人，因为出身贫穷，所以一直贫穷，出身成为了贫穷的理由。事实上，早已经有数不清的穷人变成了百万富翁、千万富翁。如果你只会为自己的贫穷找理由的话，那么你便只能穷一辈子；如果你在为致富找方法的话，你的人生必将有所改变。只要你愿意，贫穷永远不会成为你出人头地的障碍。

（1）贫穷不是消极的理由

出身贫穷从来都不是成功的障碍，而是通往成功的阶梯。只是一味地哀叹自己没有含着金汤匙出生的消极被动的人，永远都不会混出人样来。而那些懂得伸出双手，攀登着贫穷向成功进发的人，势必会成为生活中的强者。

曾经有一位学习成绩优秀的大学生，家境贫寒，他一连六年穿着同一条洗得发白的牛仔裤、一双破旧不堪的球鞋。早餐的时候，多买几个馒头，剩下的就当午餐。勤工俭学挣的钱，他全寄回家做了妹妹的学费。他在校园里，经常低着头，沉默寡言。一天，在课堂上，教授当着全班同学的面对他说："抬起你的头来，贫穷不是你的错！"他豁然开朗，这个一直被贫穷压得无法抬头的男孩从此找回了自信。他开始有了灿烂的笑容，一身破旧的衣衫，穿梭在同学中间，再也不自卑了。

毕业后，他开始找工作，没有想到处处碰壁。好不容易找到了一份连底薪都没有的销售工作，但他实在不是干销售的料。工作一年的收入，仅够养活自己而已。他找到了教授，对教授倾诉了自己的种种不幸，并希望得到教授的指点。教授面容严峻，冷冰冰地扔出几个字："贫穷不是消极的理由！如今你贫穷，只能是你的错！"说完，教授拂袖而去。他愣在当场，满心委屈，泪水在眼眶里打转。

回去之后，他痛定思痛，想了整整一夜。第二天，他背了满满一包的方便面与几瓶矿泉水，出去推销产品。从此，他付出比别人双倍甚至十倍的努力，业绩渐渐有了起色。两年后，他成为一家国内知名企业的销售部门经理。如今，每当回忆起教授的那几句话，他充满了感激。

在我们无法自立的时候，贫穷不是我们的错，我们完全可以坦然地去领助学金、去打扫餐厅。对谁我们都可以坦然地挺直自己的腰板。但是，一旦你走入社会，对于一个四肢健全的成年人，尤其是受过了多年教育的人而言，出身贫穷再也不是你的理由！出身也许是命运无法改变的赐予，但是一直处于贫穷的人生绝对是自己的选择。安身立命是每一个人最起码应该做到的。如果你连这一点都无法做到，那就应该扪心自问，反省一下了。

（2）你的贫穷价值百万

贫穷不是一种罪过，更不应该成为一个人堕落的理由。如果你是一个穷人，那你更应该崛起奋战，充分利用好自己的手头资源，发掘其中潜在的优势。做个有志气的穷人，珍惜拥有，活在当下，选择积极地面对生活，在奋斗中充实提升自己，那么你的技能永远都不会过时，贫穷将会成为你生命中曾有的点缀，财富将会在不远处徘徊，等待你的垂青。下面是三个贫困孩子艰苦奋斗获得成功的故事，他们的贫穷价值百万：

第一个贫穷的孩子是美国新闻史上最为成功的杂志编辑，他的名字叫作博克，是世界上发行量最大的《妇女家庭》杂志的创办人。小时候，穷困潦倒，为了维持生计，他每天都要提着小筐去捡从拉煤车上掉下的碎煤屑。懂事的他为了多挣一点儿钱，还主动请求面包店的老板提供给他一份擦拭面包店窗户的工作。他通常在一份工作干完之后，就立即开始忙着寻找另外的工作，因为他知道，如果自己停下来，便意味着没有饭吃。12岁那年，他已经开始兼职好几份临时工了，星期六早晨他去卖报，星期六下午和星期天他向那些坐着马车旅行的人去兜售冰水和柠檬水，晚上还要为报社写关于各处举办的生日宴会和茶会的新闻。13岁那年他正式辍学，在一家公司当了一名清洁工，并逐渐地结识了一些名人，从此开始为自己的理想而奋斗。

第二个贫困的孩子是闻名世界的钢铁大王，他的名字叫作安德鲁·卡内基，是美国经济界的一大巨头。他出生于苏格兰，父亲是一名手工纺织亚麻格子布的工人，母亲以缝鞋为业。后来，一家人的生活实在无法维持下去，他们不得不移民到了美国。在美国，他曾经到纺织厂里当过童工、烧过锅炉，在油池里浸过纱管、送过信。在送信期间，由于苦练出了高超的电报技术，他被一家铁路公司聘为职员。在这家铁路公司工作的十几年间，他以勤奋的工作态度不断得到晋升，但是依然算不上是富有。第一次参与股票投资的时候，他全部的家当不过60美元。他跟母亲商量，以房屋作抵押来贷款，方才买到了共计600元的股票，从此他走上了成功与财富之路。

第三个贫困的孩子是美国新闻界旗手和标兵，它的名字叫作普利策，美国新闻界的最高荣誉"普利策"新闻奖就是以他的名字命名的。他出生于匈牙利的一个普通小镇上，年幼时衣食无忧，但是父亲的去世使他的童年蒙上了阴影。母亲改嫁后，他与继父时常发生争执，受够了寄人篱下的生活。17岁的时候偷渡到了美国。最初，他想要当个军人，但是却屡屡碰壁，几经波折终于当上了骑兵。但战事却很快就结束了，他留在了纽约，后来到了美国西部，为了谋生，他做过水手、建筑工人、码头苦力、餐厅跑堂和马车夫。后来，他在图书馆找到了一份差事，报酬就是可以任意借阅图书馆中的各种图书，这是他迈向新闻界的起跑线。

这些"著名的穷孩子"的故事告诉我们：出身贫穷从来都不是你混不出人样来的理由。在贫穷的生活中，我们往往会学到很多的，而现实生活中也有很多的大人物是在贫困中成长起来的。贫穷从来不是一种为自己推脱的借口，它只是一种对目前、对过去生活的描述而已。贫穷不是失败的理由，贫穷不是你用来搪塞别人、用来解释自己为什么还没有混出人样来的说法。贫穷是一种鞭策，它激励着你不断前行，不断去寻找生命中的那些成功和美好。

让利，创造利润上升空间

商人常常是精明的代名词，他们的每一分每一毛都是精打细算的，这样的做法无可厚非。但是，做生意难免会遇到生死攸关的时刻，会遇到麻烦的时候。为了挽救大局，为了在日后有更好的发展，他们也会做出相当大的放弃和让利。如果你想要得到更多的利润，赢得更多的机会，首先要做的就是要懂得放弃一些眼前的利益，舍弃一部分对自己来说不太重要的东西，才可能获得更多更好的东西。

（1）独食难肥，共赢是真理

大家都知道一个商业道理：一个人的赢不是赢，单方赚钱的买卖不是成功的买卖，这种生意多是一锤子买卖，成功的买卖应该是各方都有利，大家都挣钱。要想在当今生意场上取得最大的成功，就要学会把这种传统思维转换成"共赢"理念，只有这样，才能在激烈的竞争中脱颖而出，赢得最后的胜利。

有一个别出心裁的农民，从外地买回了一批优良的小麦种子，种下去之后，第二年就大获丰收，农民自然是喜出望外。可是高兴过后，他马上就变得忧心忡忡，原来他害怕别人偷去他的优良品种，也种出一样好的小麦。很多人听说他家的小麦丰收了之后，都前来询问他从哪里买到的品种，可他总是想方设法搪塞，唯恐别人知道。

可惜好景不长，第三年的时候他就发现，种下去的同样是优良品种，但产量却和普通小麦差不多。又过了两年，他的麦子甚至连普通小麦也不如了，且病虫害现象也十分严重。心急如焚的他赶紧带着自家的麦种去请教一位农科专家，经过一番考察后，专家告诉他，由于良种的四周都是普通的麦田，而它们之间相互传播花粉，使良种发生了变异，久而久之，品质就会下降。农民后悔不已，倘若当初他和邻居一同分享这种优质品种，就不会有今天这个后果了。

卡耐基曾说过：生意场上想把所有好处都拿到自己手里的人，路会越来越窄，生意伙伴会越来越少，这等于是慢性自杀。所以，成熟的商人一定要学会与人分享利益。在这个世间，只有那些能够真正让利的人，特别是能让别人受益的人，才会有大发展、大成功。

（2）财聚人散，财散人聚

做生意最需要的就是人脉，一个人的人际交往的广度，在一定程度上也决定了他的生意在将来能够做到多大，你所结识的人越多，你汇聚的人越广，你的企业也就发展得越大。与你的合作伙伴分享利润，这样做你的收益会大大地提高，同时也成为凝聚人心的一种重要方式。

　　小肥羊集团的张刚，在1999年开了自己的第一家店，在不到九年的时间里，他就把小肥羊门店开到了全国各地，并且成功将小肥羊集团转变成一家上市公司。当谈起做生意的经验的时候，他语重心长地说出了这样的话："充分地信任合作者，乐于利益分享。这就是我一直以来秉承的做事原则。"

　　在他创办小肥羊之前，还是一个上技校的学生，他当时也就是和小伙伴们一起摆地摊，做小买卖。技校毕业后，他还倒卖过衣服和手机。正是因为张刚在没有关联的行业里摸爬滚打，使他练就了一种好眼光。据说，当初他选择店址的时候，不管在什么样的城市里转一圈，他都能马上知道小肥羊在这个城市的定位、选址，并能立即拿出正确的方案。

　　除了张刚本人对商业的敏感、判断和悟性之外，他能把小肥羊开办得如此红火的原因还在于他注重大家有钱一起赚，从来没有一个人吃独食的思想，这种利益共享的想法，使得张刚愿意与每一个进入公司的人才分享股份，张刚这种分享利益的合作方式，也是小肥羊壮大的基础。因为他知道股东的积极性和打工者的积极性是不能相提并论的，他采取这种利润分配的方式，也使各方都能够尽心竭力。在各方都赚的情况之下，张刚应得的部分也就会随之而增大。

　　在现实生活中，我们应该懂得让利，有钱大家赚，有利润大家一起分享，这样才会有人愿意和他合作，也才能让自己的生意越来越兴旺。

如果你留意，你会发现，那些生意长久兴旺的商人，他们的老板一定是一个能够让利于人的人，一定是一个不会让朋友吃亏的人。所以说，一个敢于吃亏让利的人，在生意场上也一定会有好的发展前途。

不做金钱的奴仆，你是快乐的富人

　　西方有句谚语：金钱就是上帝抛给人类的一条狗，它既可以逗人，也可以咬人。这句话道出了金钱的两面性。对于金钱，人们只有两种选择：要么去驾驭它，做它的主人；要么被驾驭，做它的奴隶。很显然，选择前者才是明智之举。一个人追求财富，目的是让自己的生活过得更好一些，更快乐一些，更幸福一些。

（1）不做金钱的奴隶

　　做金钱的主人，还是做金钱的奴隶，这是两种不同的金钱观念。一个人如果只为了钱而活着，这是一种变态的心理，他的一切所作所为都被钱左右。这样的人没有第二条路可走，他们会在金钱面前变成奴隶，埋没其他所有的有价值的理想和目标。

　　一个欧洲观光团来到了非洲一个原始部落，这里有很多具有地方特色的物品，引起了来访者极大的兴趣。其中，一位老者正在十分专注地做草编，看起来非常精致，观光团中的一位法国游客想："如果把这些草编运到法国，一定会得到女人们的喜爱，引起疯狂的抢购。"想到这儿，法国游客问老者："请问，这些草编多少钱一个？"

老人回答："10比索。"

"天哪，这太便宜了，"法国游客看起来有些欣喜若狂，他接着问，"如果我要买10万个这样的草帽和10万个这样的草篮，那么需要花多少钱呢？"其实，法国商人是想把价钱再往下压一压，这样他也可以赚到更多的钱。

可是出人意料的是，老者竟然回答说："如果这样的话，那我得收你20比索一件！"

周围的人都以为老者在说胡话，法国游客也不例外，他几乎不敢相信自己的耳朵："什么？20比索？这是为什么？"

老人生气地说道："为什么？如果我做10万件草帽和10万件草篮，那么我就没有空闲时间来做其他事情了，这样会让我觉得很乏味！"

老人的回答，值得我们每个人深思，他不为金钱所动的精神实在让人佩服。换成别人，听到有人一次性买他那么多产品，也许早就高兴得忘乎所以了，即便把自己忙得晕头转向、天昏地暗也在所不惜。可这位老人宁愿享受快乐，也不愿以金钱来换取单调的生活。在我们的周围，这样的人又有多少呢？

面对财富，保持一份平常心很重要。一个真正懂得生活的人会明白，生命中不是只有赚钱这一件事，还有比它更加重要的东西值得我们去追求。他们也追求金钱，但绝不会做金钱的奴隶。如果我们总是用赚钱这件事把生活填得满满的，那么快乐和幸福永远都不会来，因为容不下。

（2）不为金钱所累，幸福自得

对于任何人，金钱都是重要的。我们要为社会奉献自己的人生价值，没有金钱作为物质基础是很难实现的。然而，金钱不是万能的。生活中，除了金钱，其实还有很多值得拥有的东西，但这些只有在你拥有一颗正常心去看待金钱时才能发现并感受到。世界本来很精彩，千万不要为金钱所累，不要被金钱模糊了你的视野，丧失了自己享受幸福人生的机会。

美国赫赫有名的石油大王洛克菲勒，原本是一只著名的铁公鸡，不但从来不捐一分钱，连朋友结婚他也只送一件很廉价的礼物。在洛克菲勒的事业达到高峰时，他的身体却突然垮了。那天，他突然晕倒，医生诊断出他患有心脑血管病和其他多种慢性疾病，他表面上看起来很强壮的身体，实际上已经非常虚弱，医生表示无药可救。不过，洛克菲勒并不悲观，他继续活跃在工作岗位上，并因业务需要，带领下属们一起，踏上了一次非洲之旅，正是一次旅行，改变了他的一生。

在路上，他们的车陷入了泥坑中。洛克菲勒和当地的导游去寻找帮助。他们走进了附近一个村庄，这里是沙漠里的一片绿洲。洛克菲勒发现那里的人都在休息。洛克菲勒表示，只要他们能帮他把车弄出来，就给他们很多钱。没想到，那些人拒绝了。导游将他们的话翻译给了洛克菲勒。原来，他们认为当时是冬天，所以不需要钱。洛克菲勒有些鄙夷地说："难怪他们不会成为富人。要做富人，一定要努力，要勤奋。无论是春天，还是冬天，都要辛勤工作。"导游将洛克菲勒的话翻译给了当地居民。当地居民也鄙夷地看着洛克菲勒。导游告诉洛克菲勒，他们也为洛克菲勒不值。他们觉得他为了钱，违背了大自然的规律，放弃了很多体验生活的机会。他们还警告洛克菲勒，如果再不改变人生态度，恐怕连体验第二个春天的机会都没有。

洛克菲勒深受震撼，他回忆起自己的"四季"——童年的他，如同春天，一直在课余时间做点小工，赚点小钱，这是人生的预备阶段；青年的他，如同夏天，他起早贪黑，白手起家创立了石油公司；中年的他，如同秋天，硕果累累，成为美国首富；现在，他就要进入冬天了吗？他还有机会看到第二个春天吗？洛克菲勒返回美国后，做出了让所有人都大吃一惊的决定。他决定，以后每年至少捐出100万美元用于慈善事业。他先给非洲很多地区捐了款，接着又在世界范围内大量捐款，主要用于世界各地的普及教育与医疗保障两个方面。从此，他收获了心灵的快乐。由于不用再煞费心机地想着如何赚钱，他睡得很香甜，身体也开始奇迹般地恢复健康。

有的人为金钱而活、为金钱而贪、为金钱而累，甚至丧失人性，只要能让自己的钱袋鼓起来，天下没有他不该或不敢做的事，到头来，既害别人又害自己。如果我们的人生一帆风顺，我们无须走弯路去寻找生命的真谛，我们只要不远离生活中的真善美，不被金钱所奴役，那么世界就属于我们。那颗不被铜臭玷污的心，与美丽的世界交相辉映，如天空明月一般晶莹剔透。

精神富裕，才是真正的富裕

民间有句俗语：当一个人富裕到只剩下财富的时候，实际上是一种极度的贫穷。的确，一个只会敛财而不懂散财的人，不是一个真正的富裕者。对于一个人来说，拥有庞大的财富并不意味着真正的富裕，真正的富裕者，不仅在物质世界斩获颇丰，而且在精神世界也能丰厚充实。

（1）别把物质财富太当回事

如果问你，你奔波劳累的目的是什么？你可能会犹豫一下，然后说是为了养家糊口，让妻儿过得好一些，让生活幸福一些。那如果再问你，你现在的家庭已经温饱无虞，妻贤子孝，虽比上不足，比下还是有余的，那你幸福吗？也许你沉默了。是的，很多人辛苦奔波的初衷是为了给家人挣得一个美好温馨的生活，也让自己在其中收获快乐。可是，到了最后，很多人都为了物质财富迷失了自我。原本想要的幸福和快乐可以获得，他们也无暇顾及了，仿佛物质财富已经成为他们做事情的最高准则，因为有了物质财富的束缚和牵绊，他们开始变得不快乐。

在某些人眼里，一切都可以和物质财富扯上关系，一切都可以用物质财富来衡量。上司的儿子要结婚，还要送礼金，而且还不能少，盘算着大半个月的薪水要花在别人的婚礼上，心里开始不爽；某某同事还没自己的工龄长，却走"狗屎运"升迁了，自己兢兢业业地工作，到现在还在原地"稳若磐石"，于是又极度不平衡；明明不是该自己负责的事情，也不给自己加班补贴，凭什么要为公司卖命……他们考虑这些问题的时候，只考虑自己的物质财富是否受损，只考虑自己是赚了还是赔了，那也就怨不得自己不但要给别人赔笑脸，心里还落个不舒坦。

　　一个人如果每次都以物质财富来衡量，那永远都得不到快乐和安然。何不换个角度，摆脱物质财富的束缚想想呢？也许在婚礼上你会结交新的朋友，俗话说，朋友多了路好走，不也是一件值得高兴的事情吗？最不济也能放松地玩一天，还有那么多人陪着你玩，不值得开心吗？也许那个升迁的同事真的有过人之处，只是你平时没注意到，如果你能真诚地为他的升迁祝贺的话，就像送他一束玫瑰，芳香也留在了你手上和心里，收获的快乐绝不是一个职位可以衡量的；也许从这个项目中你能学习到更多以前不是很熟悉的东西，加班不是一种损失，反倒是一种收获。

　　其实，很多人也希望自己内心能得到放松和解脱，可就是不愿意舍下那根物质财富的绳索，总是死死攥着，结果是累了身，也累了心。想想又是何苦？亲情、爱情、友情、健康、快乐……这些都不是物质财富可以衡量的，一个聪明的人不会计算着物质财富的多少去对待自己的家人、爱人、友人、身体、内心，或者说不会去衡量值不值得拥有亲情、爱情、友情、健康、快乐。那么，既然这样，为什么不能为了他们，放下对物质财富的痴迷和追逐呢？让自己在获得优越的生活的同时，心灵也得到慰藉。所以，没有了物质财富的牵绊，什么都会有它的精彩之处和动人之处，你也能从中收获到身心的愉悦，人格也就此升华。

（2）慈善事业让富人更富有

随着时代的发展和公益事业的繁荣，世界上越来越多的富人意识到财富掌握在自己的手中并不是真正的财富，而是要用到实处，才能发挥其真正的作用，所以他们投身到慈善和公益事业中去，惠及世人。这才是真正的富裕者，他们的精神会因奉献和布施而更加充实，生活也会更加美好。

众所周知，李嘉诚是香港首富，但他一直坚守"君子爱财，要取之有道、用之有道"的理念，将其三分之一的资产用作慈善事业。李嘉诚认为："财富不是单单用金钱来比拟的。衡量财富就是我所讲的，内心的富贵才是财富。如果让我讲一句，'富贵'两个字，它们不是连在一起的，这句话可能得罪了人，但是，其实有不少人，'富'而不'贵'。真正的'富贵'，是作为社会的一分子，能用你的金钱，让这个社会更好、更进步、更多的人受到关怀。所以我就这样想，你的富贵是从你的行为而来。能够在这个世上对其他需要你帮助的人有贡献，这个是内心的财富。这个是我自己创造出来的，这个是真财富。因为金钱的财富，你今天可能涨了，身价高很多，明天掉下去了，你的财富可以一夜之间变为一半。只有你做出使世人受益的事情，这个是真财富，任何人拿不走。"

是的，一个人最重要的是发挥自己的最大价值，当你拥有财富的时候，你要利用它帮助世界上更多不幸的人，这样人生才会有意义，而这也是一个富翁的价值所在。李嘉诚是一个有社会责任心的富翁，相比那些为富不仁的人，他的人生更充实，更加快乐。

比尔·盖茨堪称世界上最富有的人，但是他之所以获得世人的尊敬，不仅是微软产品所获得的口碑，以及他对于IT发展的洞察力，而是他对慈善事业的热衷以及对财富的淡泊。他在接受《财富》杂志的采访时这样说道："当你拥有资源，而这资源得以创造巨大影响力时，你不能置身事外地对自己说，'好吧，等我60岁时再来做善事，先等等吧。'而是要及时在慈善之路上身体力行。"盖茨为慈善事业奔走的脚步从未停歇过，早在1994年，他就以父亲威廉·盖茨的名义创立了基金会，1997年又创立了盖茨图书馆基金会。2001年，他将这两个基金会合并，投入了近半家产，与妻子共同创办了比尔与梅琳达·盖茨基金会，这也是全球最大规模的慈善基金组织。2005年，盖茨夫妇就捐出60亿美元，刷新人类史上捐款的纪录，与世界卫生组织的年度开销不相上下。其中大部分用于预防和治疗危害人类的疾病以及援助贫穷地区提升教育水平。

如果比尔·盖茨不舍得手中的财富，那么他就不能创造更大的财富，也不能获取世人的尊敬。因为在这个世界上，富人只是占很小的一部分，他们如果不懂得跟世人分享财富，就会使自己处于孤立的境地，从而失去更多。慈善事业，不仅体现了富人的爱心，而且是对社会的一种感恩之心。任何一个人的成功都不是依靠个人的努力能达到的，因此当你成功了以后，应该报效社会，投身公益和慈善事业。

目的地只有奖品，沿途的才是财富

　　富兰克林说过一句经典的语："时间就是生命，时间就是金钱。"这句话早已成为众多奋斗者的人生指南。他们追求，但推崇的是马不停蹄的追求；他们生活，但追求快节奏的生活；他们享受，却是快餐式的享受。他们就这样行色匆匆地奔跑着，当有一天蓦然回首时会发现因为奔跑得太拼命，把健康、安宁、快乐等生活中最珍贵的财富给丢掉了。

　　在世界著名旅游胜地阿尔卑斯山上，一条风景优美的大道上挂着一句标语，上面写着：慢慢走，请注意欣赏。这句话道出了人生的真谛。忙碌的世界，忙碌的人，总是手脚不停地忙碌着。就好像在阿尔卑斯山上旅行，乘车匆匆忙忙地驶过去，没有时间回一回头，或者停一停脚步，欣赏一下路边美景。其实，你不必把每天的时间安排得满满的，你要学会留下一点时间，来欣赏一下沿途美丽的风景。

（1）品尝蜗牛的慢幸福

　　一位哲人说过："在人生的旅途上，别忘了驻足片刻，欣赏路边绽放的玫瑰。"生活就像雨后的彩虹，多彩而又绚丽。每天的清晨，都是一段崭新人生的开始。我们每天都在接触不同的人和事，感受着人生的悲喜，汇聚着生命的热忱和能量，从而使我们的内心更充实，生活更幸福。只要能被身边的美好事物感动的人，就永远不会失去生活的乐趣。而那些匆匆而过，忽视身边风景的人，可以说他们的心灵是枯燥的，他们的生活是缺乏激情的。

大多数人都会嘲笑蜗牛的行走速度太慢，但是如果你仔细观察蜗牛行走，就会知道蜗牛并没有那种平庸的小脚，那种惶恐不安的碎步小跑，它的步伐从容、睿智，即使再缓慢也是一种速度，舒缓而又美丽，而且它也因此比其他所谓快的生命看到了更多美丽、独特的风景。有这样一则寓言故事：

有一天，上帝给天使派了一个任务，叫他牵一只蜗牛去散步。可是蜗牛爬得实在太慢了，天使又是催促又是吓唬又是责备，可蜗牛只是用抱歉的目光看着他，仿佛在说："我已经使出最大的力气了！"

天使着急了，对蜗牛又拉又扯又踢，蜗牛受了伤，爬得速度更慢了，天使真想丢下蜗牛不管，但一想到这是上帝派的任务，他只好耐着性子，让蜗牛慢慢爬，自己则以一种近似静止的速度跟在后面。就在这个时候，一阵诱人的花香扑鼻而来，原来这里是个公园，接着天使听到了虫鸣鸟啼，并感觉一阵清风拂面而来。后来，天使还看到了美丽的夕阳、灿烂的晚霞以及漫天的星斗。天使这才体会到上帝煞费苦心的用意："他不是叫我牵蜗牛去散步，而是叫蜗牛牵我去散步！这里有我以前从不曾见过的风景。"

"慢"既是一种生活哲学，也是一种生活态度。唯有心的步伐慢下来，才能让生活的感受变得丰富！心存一份平和，一份乐观，即使身处逆境，也能欣赏风景，也能欣赏岁月的积淀和人生的风采。《涅槃经》说："人命之不息，过于山水。今日虽存而明日难知。"人的生命犹如草木。我们不妨放慢脚步，用一颗宁静的心，去发现、去欣赏平日里忽略的美丽风景。

（2）欣赏沿途的美景

当今社会，做事讲究效率没错，但是，若有一颗从容的心，我们是不是就可以看得更多、吸收得更多？消化不良，不仅是胃的事，也可能是心灵的事。生活中，放慢脚步行走，学会欣赏沿途的风景，你就会体验到其中的奇妙乐趣，一步步走近幸福。

意大利著名画家拉斐尔有一次路过一个小乡村时，看到一个衣着朴素的妇人，怀里抱着一个婴儿正在哺乳。那个妇人的表情是那么祥和平静，顿时，拉斐尔脑海中浮现出一幅美妙绝伦的图画：那个妇人，不正是他心中圣母玛利亚的肖像吗？拉斐尔顺手搬过一只木桶，坐在上面开始聚精会神地画起来。

圣母玛利亚纯洁、崇高的形象，居然会与一个普通的乡村妇人联系在一起，这件事情似乎让人有些捉摸不透。然而，在拉斐尔的笔下，无论是高高在上的主教、皇帝，还是普通的平民百姓，生活都赋予了他们独特的风景。

其实，在生命的历程中，不是只有长途跋涉才能享受到美丽的风景。倘若能用一种赤子般的好奇与热情，尝试在身边的风景中捕捉细枝末节的精彩，你会发现原来最熟悉的地方也有一幕幕风景，并且每天的风景都是独特的。放慢匆忙的脚步吧，怀一颗鲜活的心，睁一双明亮的慧眼，你就会发现人生的风景如同田野里的鲜花一样，随处可见。

善心与孝心，供养你一生的财富

道家说："行善之人，如春园之草，不见其长，日有所增。"佛家称："语善、视善、行善，一日有三善，三年天必降之福。"播种善良，才能收获爱和希望。百善孝为先，如果心中有爱，就马上行动，孝敬父母从小事做起。孝心是对双亲长辈孝敬的心意，是中国孝道文化的核心，是祖先崇拜的文化内涵。

（1）溶化在血里的善心

一颗善心可以减少许多怨怼和哀叹，避免许多无谓的争吵和打斗，增添许多美丽的心情和乐趣，从而为自己的学习、工作和生活创造优美的环境。

有一位美丽的汤姆逊老师，曾经对着她的五年级的学生们，撒过一个弥天大谎：我会平等地爱每个孩子！事实不是这样的！教室的前排坐着一个邋遢、上课不专心的小男孩——泰迪，汤姆逊老师总是用粗红笔在他的考卷上画大大的叉，然后再标上"不及格"！

有一天，汤姆逊老师检视每个学生以前的学习记录表，她意外地发现，泰迪之前的老师给的评语十分惊人。一年级老师写道："泰迪是个聪明的孩子，永远面带笑容，他的作业很整洁、很有礼貌，他让周围的人很快乐！"二年级老师说："泰迪很优秀，很受同学欢迎，但他的母亲患了绝症，他很担心，家里的生活一定不好过！"三年级老师说："母亲过世，泰迪一定不好过，他很努力地表现，但父亲总不在意，若再没有改善，他的家庭生活将严重打击泰迪。"四年级老师说："泰迪开始退缩，对课业提不起兴趣，没有什么朋友，有时在课堂上睡觉，真是遗憾。"

直到现在，汤姆逊老师才了解到泰迪的困难，而深感羞愧，而当她收到泰迪送的圣诞礼物，这个放在其他漂亮的礼物中间越发显得寒酸的礼物，汤姆逊老师更觉得伤心难过，她当着全班的面拆开泰迪的礼物，有的孩子开始嘲笑泰迪送的圣诞礼物，因为这是一条假钻手环，上面还缺了几颗假宝石，另外是一瓶只剩四分之一的香水。但是，汤姆逊老师不但惊呼漂亮，还带上手环，并喷了一些香水在手腕上，其他同学全被老师的奇怪举动给怔住了。放学后，泰迪留下来对汤姆逊老师说："老师，你今天闻起来好像我妈！我爱你！"等泰迪回家，汤姆逊老师整整哭了一个小时。

汤姆逊老师开始特别关注泰迪，而泰迪的心似乎重新活了过来，汤姆逊老师越鼓励泰迪，泰迪的反应越快。到了学年末，泰迪已经成为班上优秀的孩子之一。虽然，汤姆逊老师说过她会平等地爱每一个孩子，但泰迪却是她最喜欢的学生。

从此以后，汤姆逊老师每年都会收到泰迪的一张纸条，上面写道："您是我一生中遇到的最棒的老师！"

十年后的春天，在泰迪博士的婚礼上，汤姆逊老师戴着当年泰迪送的假钻手环，还特意喷了泰迪母亲过世前最后一个圣诞节用过的香水，完成了泰迪的心愿。博士与恩师互相拥抱，并悄悄地告诉恩师："谢谢您当年的善心。"恩师热泪满盈地告诉博士："不用谢，我的好孩子！请记住，一定要做个善良的人！"

雨果说："善良是历史中稀有的珍珠，善良的人几乎优于伟大的人。"美国作家马克·吐温称善良是一种世界通用的语言，不分国界，不分种族，不分年龄，不分贫富。如果善心永驻于你我的心头，那么，世界的美丽也将永驻。只要我们有一颗善良的心，尽自己的微薄之力贡献于社会，那么我们的生命也一样会精彩。

（2）洋溢在泪光中的孝心

生活中，父母之爱如春风化雨，润物无声。当子女拿出真心去孝敬父母时，老人那慈祥、温暖、幸福的眼神，必然会在他们心中回荡起甜蜜的涟漪。

2012年10月26日晚，在《中国梦想秀》的舞台上，出现了一名曾经获得过八枚金牌的专业自行车运动员，他的名字叫作邹庆东。如今，21岁的他已经因病退役两年了。这一次，他为什么要走上圆梦舞台？他的梦想又是什么？在这个爱的舞台上，邹庆东和着伴奏音乐，深情地唱起了《烛光里的妈妈》，更让主持人和观众想不到的是，他接下来讲述的故事，会让很多人流泪："我是一个专业自行车运动员，因为伤病退役，成为了一个卖鸡蛋的商贩。我妈妈六年前患了尿毒症，我的梦想就是筹到一笔钱，给我的母亲做换肾手术。"当梦想大使周立波问，凭什么去筹这笔钱时，邹庆东一下子拉开夹克衫，从胸前拿出了八块金光闪闪的金牌："我想筹集30万元，为患有尿毒症的母亲做换肾手术，我知道这需要代价，所以我把做自行车比赛选手八年来所获得的金牌都带来了，我要拿这些作抵押。这些金牌代表了我整个运动员生涯中的所有荣誉。所以，我要用我生命中最重要的东西，来拯救我生命中最重要的人。"

梦想大使周立波是个"有泪不轻弹"的热血男儿，却被感动得几次差点儿落泪，现场观众有的热泪眼眶，有的低头拭泪，最后，300位大众评委中有247人为他投票，支持他实现自己的愿望。这位21岁的青年感动着这个充满爱的社会，不是因为这八枚金牌，而是因为他继承了中国人的传统美德：孝心。

晚霞中的夕阳走过黑夜，可以变身成为黎明时的朝阳；枯黄的落叶化为泥土，可以再次化为绿色飞上枝头；但人不同，生命永远没有重复的机会。赶快行动起来，不要让"子欲养而亲不在"的遗憾到来。

CHAPTER 5
第五章
静下来思考，扭转人生不只是传说

　　"非淡泊无以明志，非宁静无以致远。"我们只有静下心来，让自己的心灵驻足于宁静的一角，静静地思考自己人生的坐标，才能在喧嚣的尘世中不断地反省自己，明确自己人生的目标，做到内外和谐，表里如一。

思考的人生最奢华

在我们的印象中，蚂蚁们似乎总是在忙忙碌碌地运送食物，实际上，有关生物学家研究发现，在成群的蚂蚁中，虽然大部分蚂蚁很勤劳，争先恐后地寻找和搬运食物，但也有少数蚂蚁东张西望，什么事都不干。当没有了食物来源以及蚁穴遭到破坏的时候，那些勤劳的蚂蚁一筹莫展，这些平时懒懒散散的蚂蚁却能够带领众伙伴们向新的食物源转移。这就是所谓的"懒蚂蚁效应"，可以用来说明善于思考的重要性。

比尔·盖茨很小的时候，经常躲在自己的卧室，他的母亲就很奇怪，不知道他在卧室里干什么，于是在外面大声地问他："比尔，你在哪里？"比尔答道："妈妈，我在卧室里。"他的母亲又问道："你天天无所事事，在你的卧室里干什么呢？"比尔说："我不是无所事事，我在思考，难道你们就不思考吗？思考是一件很享受的事情！"他的母亲更加纳闷了："思考干什么呀？行动起来才是硬道理！"比尔回答："但是在行动之前必须思考，充分思考之后的行动才会更加有效！"后来，比尔在短短的几年时间里创造了不可估量的财富，这一切的一切，与他的积极思考是分不开的。

比尔·盖茨是一位高智商的人，他的成功来源于善于思考，并能够独具慧眼，在思考之后能够发现别人发现不了的问题，从而成为软件王国里的君主。相反，那些不会思考的人往往会人云亦云，随波逐流，盲目跟从大众，自然不会有什么成就。

（1）思考让我们变得聪明

"学而不思则罔，思而不学则殆"，孔子用睿智的语言说明了思考和学习两者之间的关系。勤奋地学习，才能够善于思考；勤勉地思考，才能够促进学习。只学习不思考，就会迷失自己前进的方向，不知道学习目的是为了什么；只思考不学习，就会荒废了自己的头脑，因为没有了新鲜的知识来为自己补充能量。勤于学习，善于思考，才能不断提高自己的行动能力，离自己的目标越来越近。

圣诞节快要来了，小道尔顿给自己的妈妈准备了一双棕灰色的袜子作为圣诞节礼物。到了平安夜那天，道尔顿把袜子拿给妈妈，妈妈伸手接过来笑着说："嗯，亲爱的儿子，我很喜欢你的礼物，可是妈妈老了，这么鲜艳的袜子我可穿不成哦。"道尔顿很奇怪，问道："没有很鲜艳啊，这明明是一双棕灰色的袜子啊！"妈妈笑得合不拢嘴："儿子，这袜子明明是樱桃红色的！"道尔顿更加疑惑了，于是拿着袜子去问邻居和亲戚朋友，连自己的弟弟都问了。结果让他陷入了沉思：除了他和弟弟，所有他问到的人都说这袜子是樱桃红色的。道尔顿后来经过认真的思考和分析，发现自己和弟弟的色觉不同于正常人。色盲症就这样被发现了，虽然道尔顿不是医生也不是科学家，但是他成为了第一个发现色盲现象的人。为此他写了一篇论文《论色盲》，成为世界上第一个提出色盲问题的人。后来，人们为了纪念他，又把色盲症称为道尔顿症。

善于思考的人也是善于发现的人，善于发现的人才有可能从一些看似不起眼的事情中找出规律。生活中有一些东西可能是我们永远也无法改变的，但是我们可以让自己的思路转一个小小的弯。睿智的思考是神奇的，它能够让我们放弃原本盲目的执着，而选择更加便捷的通道；它能够让我们的思维产生理智的改变，做出可以化腐朽为神奇的决定。当你碰壁的时候，不妨停下来思考一下，也许会看到成功在身后向你招手；当你遇到障碍的时候，停下来想一想吧，也许你会发现一个岔路口，而另一条路上，正是你想要看到的风景。

（2）思考是通往成功的桥梁

爱因斯坦说："学习知识要善于思考、思考、再思考，我就是靠这个学习方法成为科学家的。"思维定式就像一个紧箍咒，把我们的思维紧紧箍在有限的范围内。我们要做的，就是用思考的力量打破思维定式，挖掘出自己头脑中丰富的智慧宝藏。积极地思考，坚持思考，就可能架起通往成功的桥梁。

有一年，水果市场上苹果供大于求，这样将会造成苹果卖不出去，大量积压。苹果商贩们暗暗叫苦：完了，这可如何是好。所有人都认定自己将会遭受损失。可有个商人想出了一个妙招：他自己拿纸剪出一个个漂亮的"喜"、"福"、"寿"等字，在苹果成熟前的一个月贴在苹果向阳的那一面。由于贴纸的地方太阳照射不到，颜色也不会发生变化，所以当苹果成熟后撕下纸的时候，苹果上就留下了这些字的痕迹。当所有人都在为自己卖不出去的苹果发愁的时候，这个聪明商人的苹果早早地就销售一空。

第二年，众人开始效仿他的办法来推销自己的苹果，而他的苹果却依然是卖得最好的。原因很简单，他只是将去年的办法升级了一下：苹果上的字连起来可以组成一句温暖的话语，比如"祝家庭和睦"、"祝您健康长寿"、"永远想念你"等等。这样的产品自己买都会觉得沾染喜气，买了送人更会觉得别致，当然会更加受到消费者的青睐和喜欢。

当我们像大多数人一样，随波逐流、盲目跟风，看大多数人在做什么自己也做什么，看人潮向着哪个方向汹涌我们便也向哪个方向走，这样永远无法取得突破。多动一下自己的脑筋，多问自己一句："还有没有大家没有做的事情？"然后另辟蹊径，在大家都意想不到的地方做出自己的惊人之举。因此，想要提高自己生命的价值，想要实现自己人生的理想，必须学会适时地思考，这会让我们从错误的道路上折回，看到通往成功的真正的路途。

别让过往成为生命中的阴霾

我们的一生中，难免会发生一些让我们始料未及的事情，或者造成一些难以弥补的失误，这些不幸的过往可能会在相当长的一段时间里成为迷漫在我们心灵之上的阴霾，久久挥之不去。但是，我们应该往前看，无论是怎样的原因导致的失误，如果它已经成为过去，我们就要学会放下，不要与过去的失误得失计较，计较多了，你不但不会因此而得到什么，反而会因此错过更多的美景。静下心来反省自己是必要的，但是如果紧紧地抓住过去的失误不放，一直为以前的过失耿耿于怀，就无法用良好的心态面对明天的生活，也不会有面朝大海，春暖花开的心情。我们只有忘记以前的那些悲伤过往，才能在以后的生活中快马加鞭，轻松地驰骋。

（1）一失足未必成千古恨

没有谁会注定一帆风顺，也没有人注定一生潦倒，生活对每个人都是公平的，即使失足了也并不意味着天就要塌下来了。只要你敢于正视失足，它就可以使你学到并深刻体验到许多真知灼见，并使你对此难以忘怀。失足还可以使你认识到自己的能力与局限，了解自己是否成熟。所以，不要恐惧失足，它带给你的会比成功带来的更多。面对失足一定要有个良好的心态，要勇于正视失足，找出失足的真正原因，并改正它，做到"吃一堑，长一智"，同时还要树立重获新生的信心。只有这样，才能一步一步地从失足的泥潭中挣扎出来，走向成功，走向辉煌。

春秋时期，越王勾践不听大臣范蠡的劝谏，坚持要发兵攻打吴国，结果在夫椒一战中大败，并且被押往吴国为吴王养马三年，这是勾践为当初的鲁莽冲动付出的惨痛代价。然而，他在回到越国之后，时刻不忘在吴国受辱的情景，于是在自己的屋里挂了一只苦胆，每顿饭都要尝尝苦味，提醒自己要报仇雪恨。从此，他和妻子跟百姓一起耕田播种，发展生产。在这段时间里，勾践夫妻生活简朴，不吃有肉的饭菜，不穿华丽的衣服，礼贤下士，厚待宾客，与百姓同甘共苦，激励了全国上下齐心努力，奋发图强，让越国的国力渐渐恢复起来。后来，吴王夫差为参加黄池之会，尽率精锐而出，仅使太子和老弱守国。越王勾践遂乘虚而入，大败吴师，接着，夫差自尽，灭吴称霸，他是春秋最后一位霸主。

越王勾践的例子为我们提供了一个深刻的启示。在面对失足的时候，究竟是选择逃避、哀叹、埋怨命运的不公，还是在心中暗暗树立一种不灭的信念，靠自信和勇气让一切从头再来？失足既可以成为埋葬信心的坟墓，也可以成为"而今迈步从头越"的起点。失足并不代表着失败，只表明成功或许需要变换一下方向；失足也并不意味着你浪费了时间和生命，不过表明你有理由重新开始。

失足是一件让人痛苦的事情，它令人悲伤。但真正悲哀的是失足之后的束手无策，是失足后仍然不能警醒。当你出现失足的情况时，要及时改正，否则失足就永远只是失足，而绝不能转化为成功。失足并不可怕，跌倒了再爬起来就是了。但是，怕的就是被失足打倒，从此一蹶不振，在失足中越发沉沦，"一朝被蛇咬，十年怕井绳"，从而出现惊弓之鸟、杯弓蛇影的现象，造成更大的失误与过错。

（2）过往连接未来，过失成就机遇

俗话说：人非圣贤，孰能无过。不是在过失发生后要多自责多难过，而是在过失发生后要找到原因，并且从中接受教训，从中受到启发，避免以后再有同样的情况出现。如果在过失面前只会痛哭流涕，只会一味地自责悔恨或是推卸责任，那过失对他来说没有一点意义，反而会成为他心里的一个阴影。

在某家大型企业，有一位很有能力的高级职员，因为一时的疏忽，给公司造成了300万元的巨额损失。这位高级职员因此而寝食难安，他料想一场暴风雨马上就会劈头盖脸地砸在他的脑袋上，他甚至已经做好了被炒鱿鱼的准备。很多人都建议将他撤职或开除，但是董事长并没有这么决定，只是把他调到了另一个同等职位的部门。所有人包括这位职员在内，都傻了眼。他来到董事长办公室，问："为什么不将我开除，

至少降职或撤职处分？"董事长笑着说："要是那样做的话，岂不是在你身上白白花了300万元的学费？既然学费已经交过了，那你就认真地从中学习经验吧。"这位高级职员听后非常感动，并在心里暗暗发誓，一定要把过失当成是对自己的鞭策和进步的动力，为公司做出更大的贡献。果然，从此之后，他改掉了以前或多或少存在的疏忽大意的毛病，对待工作一丝不苟，严谨慎重，不但没有再发生过失误，还发现了很多改良技术的方法，为公司赢得了更多的利益。

上面的故事告诉我们：只要换一个角度想，过失就像是一次苦痛训练，从中尝到了它带来的消极影响，但是也应该看到消极背后的积极因素。就算你没发现什么可改进之处，至少，下一次你就会知道，这样是行不通的，这样做是一种错误的选择。但是聪明的人绝不仅仅满足于此，他们会想方设法地从失误中找到可乘之机，让失误摇身一变，变成自己的一次机遇，并从中收获更多。

事实上，生活中的很多新事物都是在失误中渐渐浮出水面，被人们发现的，这是过失摇身一变而成的机遇。例如，现在大家普遍使用的吸水纸的发明就来自一个失误：

德国某纸业工厂中有一名工人，他在生产一批纸时因为不小心而弄错了配方，结果，生产出了大量不能书写的废纸！他被扣工资、罚奖金，最后遭到了解雇。正当他灰心沮丧时，一位朋友让他将问题倒着想，看能否从错误中找出有用的东西来。于是，他很快就发现这批废弃纸张的吸水能力相当好。于是，他就找来切割用的小刀，把这些废弃纸切成小块，并取名为"刀切吸水纸"，拿到市场上出售，结果相当抢手。他后来还为此申请了专利，不但没有被失误拖垮，反而因失误成为成功者。

无独有偶，很早的时候，西红柿被称作狼桃，被原始部落的人们认为是一种毒果子，不能吃。因此，虽然它外表鲜艳可爱，但没有人敢试吃。直到有一天，一个外地人来到这里，偶然间吃了这种果实，不但没死，还容光焕发，从此之后，西红柿终于被人们所接受。现在，西红柿更是被誉为"蔬菜皇后"，美名远扬。

可想而知，如果没有那位外来客的失误，也许，现在西红柿还被当作狼桃，寂寞地长在那片土地上。因此说，过失并不可怕，只要用一种良好的心态去面对就好，不要被过失吓得脸色苍白，胆战心惊。既然已经发生，就试着从中学到点什么，千万不要让过失成为你心里的阴影，而影响你以后的生活。也许你有一天会得益于曾经的过失，也未可知。

静一静，做好人生的减法

　　人生有两种不同的计算方法：一是加法，层层叠加、处处增码；一是减法，依次递减，逐层精简。不同的算法成就不同的人生，有的时候，人生需要加法，追求名利、追求知识、追求成功、追求富贵，但更多的时候，人生也要做一些减法，减去一些奢侈的欲望，减去没有价值的身外之物，因为在热闹的生命里，有许多不堪承受的东西，我们只有做好人生的减法，远离名利、看淡成败、安于现状、享受一种静下心来的简约恬淡。

（1）减去心灵的包袱

　　如今的时代，快节奏的生活，匆忙的脚步，让人头晕目眩，使我们疲惫不堪的，不止是工作的压力、生活的重负，还有来自我们心灵的包袱。

　　减去心灵的包袱，是一种豁达的情怀。现实生活中的我们常常以此慰藉自己的错误，或是寄希望于他人的宽宏大量。当别人犯错的时候，我们却十分吝啬自己的善解人意与怜悯之心，而是以非常严苛的标准要求别人，甚至为此怒火中烧，扰乱本来平静的心灵，事实上，那不过是在用别人的错误惩罚自己。古人云："君子以厚德载物，水至清无鱼，人至察无徒。"做人处事不可以太苛求，待人接物不可以太刻薄，我们应该少一些怨天尤人、耿耿于怀，多一些宽容大度、坦荡如砥。

减去心灵的包袱，是一种超脱的心态。你有没有注意过这样一个现象：刚出生的婴儿总是紧紧地攥着那个很小的拳头，当死亡来临时，垂垂老已的人们总是以撒手人寰的方式告别这个世界。有人这样解释：每个人来到这个世界的时候都想抓些什么，所以攥紧拳头；离开这个世界的时候却知道什么也带不走，因此摊开手掌。人们在攥拳与撒手之间的生死轮回之中，得到的仅是一段人生旅程的记忆。既然这样，我们又何苦要负重前行，何必等到临近终点时才幡然悔悟，原来自己辛苦一生获得的东西临终时什么也带不走。因此，我们拥有"宠辱不惊，闲看庭前花开花落；去留无意，漫随天外云卷云舒"的超然心态。

减去心灵的包袱，是一种智慧的取舍。有时候，我们明知不可为而为之，这种勇气固然值得推崇，殊不知，知难而退有时也是一种明智的壮举、一种洒脱的情怀。因为放开手，你将拥有整个世界。

（2）削减奢侈的欲望

曾经有人向法国雕塑艺术家罗丹询问做出成功雕塑的秘诀，大师的回答是："减去多余部分。"印度诗人泰戈尔也曾说过："鸟的翅膀一旦系上了黄金，就永远也不能飞腾起来。"其实人生何尝不是如此？在现实生活中，聪明人做的是减法。人生如酿酒，将无味的东西减去，虽然量会少，但是味道却会变得醇厚。让自己学会做减法，便可以收获轻松与自在。留下值得坚持的美好，减掉可以放弃的欲望，你的人生才会更有意义。

美国有一个名叫吉姆·特纳的企业家，他40岁时继承了著名的莱斯勒石油公司，当时，他身边的很多人都以为新上任的总裁会大干一番，让公司的规模与业绩呈现递增趋势，也就是为公司做加法。可令大家诧异的是，他却做起了减法：他首先组建起一个评估团，对公司资产做了全面盘点，然后以50年作为一个周期，在资财总和中先减去自己和全家所需、社会应承担的费用，再减去应付的银行利息、公司刚性支出、生产投资等等，待一切评估做完后，那个价值30亿美元的公司只剩下8000万美元的资产。然后，他把这笔钱用到了自己认为有价值的地方，先拿出3000万为家乡建起一所大学，余下的5000万则全部捐给了美国社会福利基金会。他的这一连串的举动让人们深感疑惑，面对公众的质疑，他做出了这样坦然而有力的解释："这笔钱对我已没有实质意义，减去它就是减去了我生命中的负担。"

后来，太平洋海啸给他的公司造成一亿多美元损失，他却一笑而过："纵然减去一亿美元，我还是比你们富有十倍，我就有多于你们十倍的快乐。"再后来，他的一个孩子在车祸中不幸身亡，他却自我安慰："我有五个孩子，减去一个痛苦，还有四个幸福。"直到他85岁的时候悄然离世，仍然没有忘记为自己的减法人生做出一个完美的总结，他的墓碑上留下这样一行字："我最欣慰的是用好了人生的减法！"

　　幸福是什么？幸福就是让自己的内心富足。的确，幸福是一种内心的真实体验和感受，它不能等同于价值连城的豪华别墅，不能等同于令人炫目的珠宝钻石，也不能等同于各大银行里的巨额存款。试想一下：如果你拥有汽车豪宅，但是却没有真心相爱的人与之相伴；如果你拥有充足的物质享受，内心却时常感到空虚和无聊；如果你总是得到周围人们的夸赞与艳羡，但是身边却没有一位真诚相待的真心朋友……那么，当你静下心来盘点自己所拥有的幸福与快乐时，却感到自己没有半点幸福可言，那将是多么的悲哀啊！在我们的一生中，真正的幸福与快乐并不在于你的手中拥有多少外在的物质，而在于你的内心能容纳多少高贵而美妙的思想，获得幸福与快乐的关键并不是去无休止地奢求什么，而是在适当的时候懂得削减你的欲望，成就轻松快乐的减法人生。

想得通就想，想不通就过

生活中，谁也离不开想象。但是，想问题是要想那些对自己的生活有积极意义的事情，而不是把什么都放在心上，漫无边际地胡思乱想，对那些想不通的问题的苦苦纠缠，那样就会让思考成为人们内心的负担，让自己陷入对那些痛苦和烦恼的无休止的思考中，这是一种十分愚昧的事情。

（1）想不通，那就顺其自然

世界上所有的正常人从小都有思考问题的能力和意识。有的人思考过太阳为什么总下到山的那一边，月亮为什么在太阳落下之后才升起；有的人思考过花儿为什么这样红，叶子为什么那样绿；有的人思考过为什么快乐总是属于别人的，为什么别人的幸福总是比自己的多……人生中有很多让人思考的地方，也有很多想了却想不通的事情。其实，想不通不妨顺其自然，不要被那些想不通的事情牵绊住你前行的脚步。

想不通，就不要再想了，想不通的问题就让它过去，放过它，你的心情也放松了。否则，一个让你内心纠结的问题，就会越想越不通，到最后只能把自己逼到死角，整个人就变得空洞了。因为在死角里面，什么都看不见，那些日月星辰，风雪雨露，鸟语花香，蜂舞蝶忙都被你一再地忽视，而你，只看到困着自己的那面烦恼的心墙，什么东西也放不进去，什么也充实不了你的心。但是，生活中很多人都不明白这个道理，总是跟自己的人生过不去，明明想了也是白想的事情，还在不断地纠缠，于是也就让自己在执迷不悟中越陷越深。殊不知，如果人每天都想得很多，那么只能给自己的生活增加更多的烦恼与压抑，不想固然不行，但想多了就会起反作用。

有时，我们可以换一个角度考虑，那些你想不通的问题也许正是你不需要考虑的问题，上天之所以没有给你开窍的灵丹妙药，那就一定有它的道理，不妨就好好地欣赏生活中原本已经存在的美景，不妨就好好享受生活中已经拥有的美好，这样才能使自己的内心得到解脱，也让自己的人生在不断的思考中离成功越来越近。

思考是一种做人的能力和做事的智慧，经过思考能解决的问题，就各个击破，经过思考仍然无法想通的事情，就顺其自然，这样的人生才不会被那些心灵的包袱压得喘不过气，也不会让自己在那些无谓的纠缠中让美好的生活渐行渐远。当你终于放开那些想不通的问题时，你会发现自己仿佛经过了一场心灵的洗礼，看世界的那双眼睛也会更加澄澈透亮。

（2）顺其自然，快乐至上

在我们日常生活和工作中，总是有很多让我们百思不得其解，以至于让人内心很不顺畅的事情。比如，明明你很努力地在工作，而其他同事却每天无所事事，工作也不那么用心，而且每次业绩都比你好；明明是你的业绩更突出，也和同事和睦相处，团结协作，但是评先进个人的时候却没你的份；明明你很爱你的另一半，几乎对她的要求百依百顺，可最后她却与别人成了眷属……这一切的一切，可能会困扰你相当长一段时间，给你的生活蒙上痛苦的阴影。

从此，你可能为自己的内心戴上迷茫、不解，甚至是怨恨的枷锁。因为想不通，因此你就把自己的全部心思都放在了把它们搞清楚、想明白之上。在这个过程中，也许你每天都用一颗阴暗的心面对生活，也许你用一副全世界都欠你一个答案的样子不停地逼问人生，也许你为了给自己一个答案，不惜蹉跎了大好时光，影响了自己的正常生活，放弃了很多你应该拥有的快乐。可是，细想一下，这样做又是何必呢？难道你这样跟自己过不去，就能得到你想要的答案吗？其实每一个人都知道，事实并非如此。既然这样，就不如把那些想不明白的问题统统交给时间去解决，时间可以冲淡一切，你只要顺其自然地快乐过好每一天就行。

有一个小伙子被女朋友抛弃了，他每天都沉浸在失恋的痛苦中不能自拔，他想不明白，自己对她那么好，为什么她还会离他而去。要知道，他以前是一个懒散任性的人，甚至还很自我，但是为了她，他几乎将自己重新塑造过一回。

他的女朋友不喜欢吃米饭，他为了她改变了自己爱吃米饭的习惯，跟着她吃自己不喜欢的馒头面条；他的女朋友喜欢吃巧克力，他无论去哪里出差，都会在很紧张的时间里，挤出一点时间到当地的糖果店买最好吃的巧克力，小心翼翼地带回来给她；他的女朋友喜欢短程旅游，他就利用自己短暂的假期，带她到她想去的地方旅游散心……诸如此类的事情还很多，可是她还是不领情，义无反顾地跟着别的男人走了。这个小伙子怎么也想不通，每天都问自己同一个问题："我变得像她希望的那样了，为什么她却走了？"自己也在这样的追问中逐渐颓废了下去，一切又回到了原点，他最终还是变成以前那个颓唐、懒散的年轻人，从此无所事事、无所追求，活得狼狈不堪。

也许你会为故事中的男孩惋惜，也会为他的堕落叹息。但是人生中的很多事情不是付出就会有回报，感情有时候也会这样捉摸不定，有些事情你永远不必问为什么，有些人你永远不必等。因为世上不是所有问题都会有答案，也不是所有问题都需要一个明确的答案。你不必跟那些想不通的问题计较，知道自己怎么想都想不通就已经足矣，这时你可以心安理得地放开，而放开就是最好的答案。

学会放飞，不要被自己的心困住

在我们的生活中，经常碰到这样的事情：有两个人处于相同的境遇下，他们的心态不同，结果导致的命运也不同。这就表明，一个人的命运不是由上天决定的，也不是由别人决定的，而是由自己决定的。生活中我们有过失落，有过孤独，有过恐惧，有过彷徨，但庆幸的是每到这个时候我们已经学会如何乐观地生活，乐观地面对一切。试想一下，如果我们能够在苦难和挫折面前，用心去体验生活中的一切，就能够发现生活的多姿多彩，能描绘出生活的动人色彩，命运也会随之而改变。

（1）心态决定了命运

有句话说得好："苦难是人生的老师。"事实也是如此，没有经过长夜痛哭的人往往不懂得什么叫真正的人生，虽然这一次你痛哭了，但下一次你再面对挫折的时候，就可能不会难过。人生路上难免会遭遇到挫折和困境，以良好的心态积极应对，方能战胜挫折，走出困境。在挫折面前，只有保持良好的心态，才能将挫折踩在脚下。

有一家经济效益不好的服装厂，决定让一批工人下岗。第一批下岗人员里有两位女性，她们都是40岁左右，一位是大学毕业生，工厂的工程师，另一位是普通女工。

女工程师对于这一突然而至的打击，深怀怨恨，她愤怒过、争吵过，但都无济于事。工厂的情况还在恶化，更多的人员下岗了，其中也不乏工程师。不过，这些都不能使女工程师感到心理平衡，在她心里，始终觉得下岗是一件丢人的事。失去了工作，她的心态也越来越差，从开始的愤怒转化成抱怨，接着又由抱怨转化成了内疚。她整天心情抑郁地待在家里，不愿出门见人，更没想过要重新规划自己的人生，孤独而忧郁的心态控制了她的一切，包括她的专业能力的正常发挥。女工程师本来身体就不是太好，还有高血压，忧郁的心态又总是把她的注意力集中到下岗这件事上。虽然下岗的事已成定局，但她的内心始终拒绝接受这一变化，她无法解脱。就这样，在本该大有作为的年纪，她却带着忧郁的心态和不俗的学识孤寂地离开了人世。

另一位普通女工的心态很平和，她想，又不是我一个人下岗了，既然别人能活，我也肯定能生活下去。而且，下岗还使她萌生了一个信念：一定要比以前活得更好！于是，她没有抱怨和焦虑，而是平心静气地接受了下岗的现实。说来也怪，平心静气的心态让她变得聪明起来，发现了自己以前从来没有认真注意过的长处：她对烹调非常在行。于是，她就东挪西借，开起了一家小饭店。因为正好是发挥了自己的长处，她经营的饭店生意十分红火，在短短一年时间里，就还清了借款。如今，她的饭店规模早已扩大了几倍，成了当地小有名气的餐馆，和家人过上了幸福的生活。

　　上面故事中的两位女主角，一个是高学历的工程师，一个是普通的女工，她们都曾面临一样的困境：下岗。可她们的命运为什么却差别这么大呢？原因就在于她们各自的心态不同。女工程师无法对自己的人生做出正确的评价，她的心态始终处在忧郁之中，更不可能重新扬起生活的风帆。因此，虽然她的学历很高，可在面对生活的变化时，恰恰是心态阻碍了其学识的发挥。而且，消极的心态反而使她的学识在埋怨和忧郁的方向上发挥出了威力，换句话说，她的学识越高，她的抱怨就越深，她的忧郁就越有分量。反过来看那个普通女工，她虽然没有学历，可积极的心态不仅使她重拾生活的勇气，而且还起到了正面的、积极的作用，最后，她以自己的特长获得了成功，过上了比以前更好的幸福生活。

　　有一位心理学家曾经说过："心态是横在人生之路上的双向门，人们可以把它转到一边，进入成功，也可以把它转到另一边，进入失败。"总之，不同的心态决定了不同的命运，只有积极的心态才能促使人向着成功的方向迈进，成就幸福的未来。

（2）乐观派生出成功

　　在生活中，当你面对生活有点疲惫不堪的时候，你眼前的彩色风景就变成了黑白。这时，你所需要的是另外一把钥匙，那就是乐观的心态，它能够重启你的快乐之门，让你的人生春光明媚。乐观是一种积极心态，也是一种生活艺术，它让你感到身边的一切都是美好的化身，它带给你的是永远的自信和甜美的微笑。就算遇到了不幸，乐观也会将它驱走，引来成功与快乐。

有一家世界五百强企业，打出了招聘销售总监的广告后，应聘者云集，考核也异常严格。层层筛选后，最后只剩下三个人。最后一次考核前，三个应聘者被分别关在一间被监控的房间内，房间内几乎各种生活用品、家用电器一应俱全，但没有电话，不能上网，三人的手机也都被收走。企业考核方并没有告知三个人具体要做什么，只是让他们耐心等待下一步考试的考题。

第一天，三个应聘者都在略显兴奋中度过，看看书报，看看电视，听听音乐，只是在做饭的时候，因为都不太擅长，出现了一些小问题，但手忙脚乱中还是做出了虽然不可口但是可以咽下去的饭菜。第二天，情况开始出现了不同。因为迟迟等不到考题，第一个应聘者变得浮躁起来，不断地更换着电视频道，把书翻来翻去，甚至连吃饭也草草了事；第二个应聘者不停地在房间里走来走去，眉头紧锁，一脸凝重，夜里翻来覆去难以入眠；只有第三个应聘者还跟随着电视情节快乐地笑着，津津有味地看书做饭吃饭，踏踏实实地睡觉。

就这样，一直到第五天，考核方终于将三个人请出了房间，那两个焦躁的应聘者已经面容憔悴，只有那个始终快乐着的应聘者依然神采奕奕。就在三个应聘者凝神静气等待面试官出最后考题时，面试官说出了考核的最终结果，他们录用了那个能够坚持快乐地生活的人。面试官看出了三个人眼中的惊诧，对他们解释道："快乐是一种心态，也是一种能力，能够在任何环境中都保持快乐的人，他离成功也越来越近！"

现实生活中，悲观的人常常心灰意冷，毫无进取的斗志，经不起困难的折磨，总以为自己的能力不够，或者没有什么强项可言，在悲观的境地中无法自拔。相反，乐观的人虽身处逆境却依旧笑对苦难，所以生活就回报给他成功。我们应该明白，消极悲观的心态消耗人生，积极乐观的心态创造人生。悲观的心态是失败的源泉，是生命的慢性杀手，使人受制于自我设置的某种阴影。选择悲观的心态，注定要走入失败的沼泽，假如你想做一个成功者，想实现自己的美梦，就一定要摒弃扼杀你潜能、摧毁你希望的悲观心态。相反，乐观是一种精神，是一种品格。乐观的心态是成功的第一步，是生命的阳光和雨露。选择了乐观的心态，就等于选择了成功的希望，因为成功总是垂青那些身处逆境而乐观的人。

负面情绪抛脑外，生命曙光自然来

一个人有一颗什么样的心灵，就会拥有一个什么样的世界。一个人如果沉浸在负面情绪中，生活就不会幸福快乐。但是，一个心理乐观的人，感受到的是生活的灿烂阳光。只要你抛开负面情绪，真心感受生活的美好，那么，你的生命就会璀璨，你的生活就会美好，你的世界就会明亮，你就是快乐幸福的人。

（1）负面情绪是快乐的绊脚石

人有情绪是一件非常自然的事情。可是有些人往往遇到一点不顺心的事便火冒三丈，怒发冲冠，结果非但不利于解决问题，反而会使事情变得更糟糕，让你的生活充满不幸。

现年60岁的王大爷是一个讨人喜欢的人，他人很聪明，并且受过良好的教育。但他有一个特点：如果别人的行为让他不高兴，他马上就会认为对方是故意的。比如：在路上有人超他的车，在饭店服务员没有快速地给他上菜，他的妻子忘记了把他干洗好的衣服拿回的时候，王大爷都会认为他们是故意的，都会觉得自己有充分的理由生气。记得有一次，他在某人的手机短信中让对方赶快给他回电话，而对方没有及时回话，王大爷首先的想法是，这个人一点也不尊重我！我真是想不通，我哪里得罪他了，他这么不待见我！

上面案例中的王大爷，根本不会换个角度去想：对方是不是有些重要的事情脱不开身；或者是不是因为交通拥堵被耽搁在路上；也可能是因为感冒没来上班。王大爷经常生气的原因就是他凡事不往好的方面想，总是带着负面情绪想问题。在现实生活中，也有些像王大爷一样的人，常为一点点小事而生气，其实生气是一个人对自己施的酷刑，这种酷刑会促使你衰老，严重损害你的健康，生气也导致了许多悲剧的发生，它是扼杀你幸福快乐的刽子手，我们应该远离负面情绪，积极乐观地生活！

无独有偶，另一位肖大爷也是一个喜欢生气的老人。生气毁坏了他的健康，使他失去了许多的朋友，还使他和唯一的孩子关系疏远。肖大爷在抚养他的儿子的这些年里脾气很大，以至于他和儿子的代沟越来越深了。肖大爷说每当孩子往家里打电话的时候，如果是他接的，儿子就会说："我想跟我妈说话。"后来，肖大爷做了一件正确的事情：他参加了一个情绪管理训练班，并且第一次懂得了怎样控制自己的脾气，也改变了对待他人的态度。后来，肖大爷接到儿子电话的时候，若是他说："等等，我去叫你妈。"他的儿子会说："不用了，我想跟你谈。你最近身体怎么样？在做些什么？"就这样，肖大爷和儿子的关系越来越好，跟朋友的关系也融洽了许多，他的生活也变得快乐起来。

一个人的生命中难免会遭遇各种各样的问题，这本是生活中的常态。一个人只有阳光照射到身上，才能真正感受到它的温暖。有了乐观积极的心态，你就能感觉到世间的一切都是美好的。因此，与其诅咒黑暗，不如点燃蜡烛，勇敢面对问题，你必会获得解决问题的智慧。凡能变更心境的人，就能改变生活，只要我们控制好自己的情绪，调整好自己的心态，乐观地面对生活，就是增加了自己幸福和快乐的可能，日子就会过得很甜美。

（2）乐观的情绪让你快乐到永远

生活中，很多乐观的人正是因为善于控制自己的情绪，面对困境时保持乐观，才没有被困难击倒。请用"心"为自己制造一个幸福的天堂，让自己活在快乐之中。就算你是一个一无所有的人，就算你是个极其平凡的人，就算你暂时遭遇了不如意的事情，但只要你能够掌控自己的情绪，让乐观常驻心中，幸福和快乐就会永远伴随你左右。

有一个美国人穿着泳装走在炙热的沙滩上。一群非洲土著人好奇地盯着他。

美国人看到非洲人的眼神，于是自言自语地解释说："我穿着泳装，是因为我打算去游泳。你们觉得这很奇怪吗？想不想加入我的游泳队伍中来？"

"你在想什么呢？这里是沙滩，海洋还在千里之外的远方呢！你这不是做白日梦吗？"土著人提醒道。

"千里之外！哎哟，多好啊！也就是说，我要穿越千里的沙滩，然后来到梦寐以求的汪洋大海，尽情地畅游！"美国人非常高兴地说，"这简直是太棒了！"

故事中的非洲人心态悲观，在悲观的人眼中，沙漠是葬身之地，人生充满痛苦；但是在乐观的美国人眼中，沙漠就是海滩，千里之外是一种奇遇，人生总是充满希望和梦想。对乐观的人来说，他的心中就仿佛有一轮温暖的太阳，使他时时刻刻都能够沐浴在阳光下。

真正的乐观心态其实与外在无关，它更多的是源于内心，源于对自己的认可与欣赏。乐观就是一片肥沃的土地，花开四季春色无边；乐观就是一片艳阳天，清风徐徐白云片片；乐观就是雨后的彩虹，色彩缤纷美轮美奂；乐观种植在心灵里，是色彩斑斓；乐观放在表情里，是春风满面。乐观伴着心跳，跳出生命的动感。乐观就是不败的希望，乐观就是制胜的宝典，乐观就是年轻的真谛，乐观就是永恒的爱恋。唯有乐观，才能让你更接近自己的心灵，才能让你拥有更多的快乐与安详。所以，乐观能带给你所向往的一切美好与快乐！

失落是生活的音符，失意是人生的馈赠

失落表示一个人经历了失败或者挫折之后的心情；而失意一般表示一个人的工作或者事业没有按照自己理想的方向发展，他的内心就会生出一种失落的心理感受。"比海更宽阔的是天空，比天空更大的是人的心灵。"生活的失落和人生的失意在所难免，但心灵的视野没有藩篱，无比宽广，任你驰骋。虽然失落和失意是一种痛苦，但它们同样是生活乐曲中不可缺少的音符。

有位智者曾经说过："失落是一种心理失衡，要靠失落的精神现象才能调节；失意是一种心理倾斜，是失落的情绪化与深刻化；失志则是一种心理失败，是彻底的颓废，是失落、失意的终极表现。"要克服失落、失意、失志，就要保持一种宠辱不惊、不以物喜、不以己悲的心态。

（1）人生可以失落，但心态不可以失落

一个人在失落的时候，心灵和肉体会突然变得懒散，就连朦胧的对任何事情都提不起兴趣。心灵找不到可以停靠的驿站，常常让自己的

思绪陷入极端低沉的痛苦中，生命中的不如意如同花的凋零一样不可抗拒，这些都不必太在意，只要怀有一颗平常心，把握好自己，你的明天一定会灿烂。只要你能够顺利走过失落的情绪，就会发现阳光依然会抚摸你的笑脸，月色依然会沐浴你的秀发，风儿依然拂动你的睫毛，你的生命依旧光彩，你的世界依旧辉煌。

如果你对失落的情绪太在意，像对待工作一样不放过任何细节，那么你就会不自觉地陷入失落本身的阴影中难以自拔，凡事太较真，一定会感到生活很累，甚至会觉得人未老心先衰。当你在预防和减轻失落情绪的时候，应该明白，并不是所有的愿望都能实现，做任何事情都要量力而为，对事物的期待也不要过高；要从失落的情绪中恢复过来，就要承认自己的痛苦和感伤，不要隐瞒，不要颓丧，而要学会接纳自己、欣赏自己。

鲜花与赞美、财富与权势、知名度与声望，诸如此类的诱惑，是很多人热衷追求的目标。为了这个目标，人们绞尽脑汁，违背道德也在所不惜，在权势的链条中，患得患失，忧虑焦灼，他们有多少得意，就有多少失落。一个人如果想要远离失落，就要有宽宏的气量，拿得起放得下。不要总想着自己能占尽天下所有的好事。每个人或多或少总会有失落的时候，如果你心里难以承受这种失落，在失落中仍对导致你失落的事情耿耿于怀，那么，你将永远无法走出失落的心理阴影。只有当你真正摆脱失落的困扰，才能真正拥有一双最强劲有力的臂膀，挑起生活的重担。

（2）失意未必都是坏事

人的一生中，不只是拥有烟花般的绚烂与明媚，也会有失意时的落寞和荒凉。因此，无论何时，只要把心放宽，那些曾经的失意就会被看淡。谁的生活都不可能一帆风顺，有得必有失，只有摆正自己的心态，得意时不骄狂，失意时不气馁。这样，无论怎样的人生考验，怎样的波澜起伏，你都可以找到前行的路，找到生命的归宿。

唐寅也叫唐伯虎，是明代的大画家，说起他，最著名的传说要算是"唐伯虎三笑点秋香"了，故事说的是风流才子唐伯虎看上了无锡华员外夫人的丫鬟秋香，一见钟情，但华家的深宅大院又使他没法接近秋香，于是就心甘情愿地将自己卖身为奴去华府当了一名伴读书童，由此引出了一段风流韵事。实际上，这故事纯属子虚乌有，历史上的唐伯虎，生活得十分艰难。

唐伯虎出身于商人家庭，父亲是酒店老板。唐寅自幼才华过人，29岁时赴南京乡试获得第一名（解元），次年赴北京会试，主考官程敏政对他很欣赏，但与他结伴赶考的同乡徐经行贿买题事发，程敏政、唐寅都受到牵连，被下了狱。结果程敏政被罢官，徐经被废为庶人，唐寅被罚为浙江小吏。从此，悲苦的命运开始笼罩着他，他不堪忍受如此凌辱，常常借酒浇愁，返回苏州后，他玩世不恭，与家人反目，并夜宿青楼，十分痛苦。

失意从来不是奢侈品，它经常与我们打照面。求学时，一次考场败北我们说是失意；工作时，事业无成我们说是失意；恋爱时，遭遇拒绝我们说是失意……失意如山洪一样扑向我们，在失意时最忌讳停下脚步、不思进取，就像唐伯虎那样，只会让自己越陷越深。

也许生命中拥有了失意才是完美的，每经历一次，我们便跨过人生的一个坡坎；每经历一次便超越一次自我；失意塑造你的坚强；失意历练你的自信；失意让你有了阅历和见识；失意让你体会人生百态。面对逆境，我们更应该保持清醒的头脑和理智，全面认识自己的优点和不足，把失意变成财富，用宽阔的胸怀来包容它，用坚强的肩膀来支撑它。

大海如果失去巨浪的翻滚，就会失去雄浑；沙漠如果失去飞沙的狂舞，就会失去壮丽；人生如果没有失意的点缀，生命也就不会如此丰富。请接纳各种失意的光临吧！面对失意请微笑吧！也许生活给你太多苦难，也许命运对你过分苛求，也许你的真诚没有换回应有的感动，也许你的努力没有收获应有的回馈，可这就是生活，就是人生，请不要抱怨生活，请不要埋怨人生。

CHAPTER 6
第六章
静下来计划，行动才能快起来

　　计划是人们行动的蓝图，是量化了的人生梦想。我们今天的生活状态，不是我们今天的所作所为的结果，而是我们过去生活计划的结晶。我们明天的生活状态，不是我们明天的所作所为的结果，而是我们今天生活计划的结晶。今天不计划，明天就茫然，有计划的人生才算得上是有梦想的人生。

先打理心态，后计划事情

在许多时候，人们的内在心情和他们的做事效率是成正比的。当一个人的心情没有处理好时，他做事的效率也不会很高。反之亦然，如果心情处理好了，做起事情来也会效率很高。例如瑞士表历经500年无对手的制胜法宝就是"自由轻松的心情"，这也是瑞士手表奠基人塔·布克创造的奇迹。

塔·布克有一段监狱往事。当年，他不幸被捕入狱，在狱中被安排做一份制作钟表的工作，开始他很努力，但遗憾的是，他制造不出误差低于1/100秒的精确钟表。可是他以前是自由之身的时候是可以做到的，因此他将这种失败归结为自己所处的监狱环境。后来，他越狱逃往瑞士日内瓦，终于可以制作出误差低于1/100秒的精确钟表，可是他这时候不再将成功归结于环境的作用，而是归因于制作钟表时的心情。他曾经这样告诫后人："如果一个钟表匠处于不满和愤怒的情绪当中，要想圆满地完成制作钟表所需的1200道精密工序，是绝对不可能的；如果一个钟表匠处于对抗和憎恨中，要精确地磨锉出一块钟表所需要的254个局部零件，更是比登天还难的事情。"

这就是塔·布克富的心情推论。作为有着复杂情感因素的人，做事与心情有密切关系，而且心理因素至关重要。

（1）以积极的心态面对人生挫折

人生一世，不会时时处处都顺利，在生活与工作中，我们都会遇到各式各样的障碍与困难，遭遇数不尽的挫折与痛苦，正是有了这些大大小小的挫折，我们原本平淡的人生才会变成一曲美妙而动听的歌曲。挫折在我们短暂的人生中会不停出现，它埋伏于人生旅途中，总是在不经意间让我们跌一个或大或小的跟头，让我们焦虑，甚至失意彷徨。这种时候，我们唯一可以用来驱赶挫折的武器便是积极的心态。

拿破仑在一次与敌军作战的过程中，遭遇到敌人非常顽强的抵抗，部队损失惨重，情形非常危急，拿破仑也因一时不慎而掉入了泥潭之中，被弄得满身都是泥巴，狼狈不堪。但是拿破仑表现得却像部队没有受到重创一般，对身上的泥巴更是视而不见。因为他的心中只有一个信念，那就是无论如何，这场战争的胜利是属于他拿破仑的。只听到他大吼一声："勇敢的战士们！胜利是属于我们的！冲啊！"他手下的士兵在看到拿破仑滑稽的样子之后都忍不住哈哈大笑起来，但是他们同时也被领袖的乐观与自信所鼓舞。一时间，战士们群情激昂，奋勇杀敌，终于在激战一天之后取得了最终的胜利。

在拿破仑的成功背后，无疑有其积极的心态在起作用。身为军队的统帅，他不可能没有发现战争的惨烈，不可能没有看到自己手下的士兵一个个地倒在敌人的枪弹面前，更不可能没有意识到失败的可能性，但是他却在战争中表现出了一代领袖的气质，在他的积极的影响下，身边的士兵也忘记了战争带来的伤痛，奋勇杀敌，终于取得了战斗的胜利。

在遭遇到了挫折与失败之时，我们应该学习拿破仑，将自己的情感与精力都转移到有益的活动中去，使得不良的情绪被崇高的志向所打倒，并使理想得到升华，这是最为积极的办法。善于运用这种积极态度的人，就如同贝多芬所说的一般："通过苦难，走向欢乐。"不管生活是如何的坎坷，无论在何等危急的情况之下，我们都应该始终保持乐观与积极的心态，特别是作为某个集体的领导者，这种积极与自信更是不可或缺的。积极可以感染到身边的人，进而带动整个团队，并最终决定自己与团队是否会走向成功。

（2）以积极的心态开启幸福的人生

没有谁的人生是一帆风顺的，人们或多或少都会遇到大大小小的不如意之事。当坏的事情发生之后，不要过多地气愤或抱怨，因为往往坏的事情里面蕴含着好的一面，如果总是以抱怨来面对人生的话，你就会失去生活中更为美丽的存在。如果及时发现坏事情中好的一面，或许你会因此而得到比坏事情本身要多得多的利益。不论为人还是处事，太顺

利了未必全是好事，而坏事情却往往可以起到借鉴的作用，并引导我们
去发现更好的一面。

　　他是一位画家，整日专心于创作，希望自己可以画一幅人见人爱的
画。在精心的创作之后，他将画拿到了市场上进行展出，并在旁边放了
一支笔与张一纸说明：

　　请您对画中的欠佳之处标上记号。

　　到了晚上，画家将画取回了家。当他高兴地揭开了蒙着画布之后，
却发现整个画面上都被涂满了各种各样的记号，没有一笔不被指责的，
画家十分不高兴。他不相信自己的画技如此差劲，并决定用另一种方式
来试探画的质量。他又临摹了一幅一模一样的画拿到了市场上进行展
出，这一次，他在画的旁边标明，要求每一位观赏者将自己认为最为美
妙的地方标上记号。

　　当画家再次取回画时，他发现画面又一次被各种各样的符号所覆盖
了。他将两幅一模一样的画放在一起，观察之后发现，那些曾经被严厉
指责的地方，都被标记上了赞美的记号。画家终于明白，世间没有十全
十美之物，在某些人看米非常丑的东西，或许在另外一些人眼中却是美
的东西。

　　物品是如此，事情何尝不是如此？每一件事情都有两面性，不同的
人看起来也会发现不同的东西在里面。消极的人总是会从快乐的事情中
发现还未来临的悲伤，而积极乐观者却总是会从悲伤的事情中发现马上

就会到来的快乐。但是世人总是让自己过分地关注于事情不好的一面，却忽视了可以使生活发生改变的积极的一面。其实很多事情之所以会使人感到不快，是由于当事人没有发现其两面性而导致的，如果让自己用积极的心态去想问题的话，便会发现事情是会向着好的一面发展的。

起点低不要紧，有目标就可以

一个人不怕起点低，而是怕没有目标地盲目行事。目标是个人的人生目的与方向，也是个人的梦想与愿景。无数成功学家对成功进行研究之后发现，成功实际上就是一个逐步实现一个有意义的既定目标的过程。对于每个人来讲，过去或者现在的情况并不是最重要的，你将来想要成为怎样的人，想要获得怎样的成就才是最重要的，有了目标，内心力量才可以找到方向，而漫无目标地漂荡，会使你迷失航向，无法到达成功的彼岸。

（1）追求目标也可以低起点

作为有志之士，对梦想的渴望，从来都不会因为没有条件实现而被限制，反而正是为了达到这条件而努力奋斗。作为社会精英，对目标的追求，从来都不会因为起点太低而停止，反而会更加珍惜自己走过的每一步。其实，成功不怕起点低，只怕我们被现实束缚住了思想的手脚，不敢向着顶峰攀登。我们无须感叹自己有多么不出众，人和人之间的差距不是我们想象的如云般遥远，而是楼上楼下的关系，关键就看你自己的目标。

梁明原本是一名攻读工商管理学硕士的学生，有一天，他在做作业时，偶然看到了一个网页，说的是奶制品的包装盒的市场利用价值，于是内心萌生了一个想法，他想利用这个信息创业。

接着，梁明低价买了一辆二手的三轮车，开始了自己"收破烂"的旅程。最初的他只有一腔热血和美好的期望，并不知道以后要走向什么样的道路。几个月以后，梁明意识到自己这样子骑着三轮车走街串巷地捡垃圾跟真正收破烂的没什么区别，于是他调整了自己的战略：联系各废品收购站，让他们帮自己收包装盒。这下"生意"可做开了，半年内他的合作伙伴遍布当地的十几家废品收购站。第二年，梁明成为当地一家造纸厂包装盒回收的代理商，并且免费得到了工厂提供的打包机，他有了进一步扩大自己生意的想法。

梁明想到自己学了这么多年的工商管理学在这个时候正好能用上，他结合自己所学的专业知识，分析了自己的境况，推出了一套只属于他自己的经营模式："会员积分制"。即每卖一块钱的包装盒，就可以累计一分，累积到一定的分数的时候可以换取相应的奖品，比如香皂、洗衣粉、毛巾等等。这样的规则在废品回收行业可是头一回。新鲜的规则和可得的好处，吸引了大部分顾客。2008年，梁明注册了废品回收公司，利用这样的"会员积分制"为自己迎来了一批又一批的顾客。

同年，他在"大学生创业计划"中脱颖而出，募得了五千元的基金和免费办公场地，从此他的公司开始了蒸蒸日上的历程，他也得到了评委们的大力称赞："有梦想就不怕起点低，收废品也能收出名堂来！"

做事业起点低，主要表现在没资金、没经验、没人脉等方面，其实这些都不难：没有资金，我们可以通过自己的勤劳工作去挣；没有经验，我们可以在社会里历练；没有人脉，我们通过日常生活和工作去积累。但是如果一个人没有了目标，这才是真正可怕的。每个人都必须有一个明确的奋斗方向，无论你有多么斗志昂扬，无论你是怎样的聪明伶俐，若你走在一条错误的道路上，或者走在一条连自己都不知道通往哪里的道路上，那你就会与成功背道而驰。

现实社会中，成功的人之所以成功，正是因为他们志向远大，有明确目标的指引。不要抱怨自己的起点比别人低，不要质疑自己的天性不如别人，最重要的不是先天条件，而是对成功的渴望和对目标的追求态度。远大的志向会带你走向高远，坚定的意志会引领你走向成功。

（2）目标决定人生高度

人生目标是我们人生道路上的指明灯，有了目标，我们的人生才会有意义。古人很早就已经开始推崇目标对于一个人的作用。诸葛亮曾劝告自己的外甥说"夫志当存高远"；北宋的大文学家苏东坡也曾在文章中写道："古之立大事者，不唯有超世之才，亦有坚韧不拔之志。"即是说，自古以来成就大事的人，他们不光拥有卓越的才能，更拥有明确的志向。的确，有了明确的目标，才可以使行动保持正确的方向，才可以在实现目标的道路上少走弯路。事实证明，漫无目的、目标过多，都会使我们的前进受到阻碍。要想自己心中的梦想实现，没有明确的目标做指引，很可能一事无成。

有一位父亲带着自己的三个儿子到草原上去捕猎野兔。在到达目的地后，四人将一切都准备得当，儿子们便打算开始行动。此时，父亲向兄弟三人提出了一个问题："你们看到了什么？"老大回答说："我看到了我们手中正握着猎枪，野兔正在一望无际的草原上奔跑着。"老二回答说："我看到了父亲您和哥哥、弟弟手中拿着猎枪，正准备去猎杀那些在茫茫大草原上奔跑的野兔。"父亲摇了摇头："不对。"他将脸转向老三。老三的回答只有一句话："我只看到了野兔。"这时，父亲才点点头，说："不错，你答对了。"

一个确立了明确目标的人，毫无疑问，会比一个没有目标的人更加努力；一个拥有崇高理想的人，也肯定会比一个庸庸碌碌的人更有所作为。志存高远，方能取得成就；即使没有达到既定的目标，你为了达到目标所付出的努力所流下的汗水也会让你获益匪浅。因此，从这一刻起，请静下心来看清楚自己想要达到的目标，然后向自己真正想要行走的路途上勇敢地迈出第一步，如此一来，我们的人生也会变得丰富多彩。

圆梦有计划，美梦成真靠的是行动

每个人都有自己的理想，都有自己想要做的事情。不同的是，一些人将梦想牢牢记在心里，并默默地为自己的理想奋斗，矢志不渝地去完成；另外一些人，只是天天把梦想挂在嘴边，而不付诸行动。口头上的激励固然不会让自己忘记梦想，可是脱离了行动，那些激励都只是空话；思考固然会让我们头脑清醒，但是脱离了行动，再深刻的思考也都是无用功而已。所以在头脑中产生想法的时候，就努力行动吧，就像它不会失败一样。

（1）美梦，不是想想了事

梦想是经不起等待的，行动就是实现梦想的强大力量。当你想去某地旅游的时候，不要说自己没有钱；当你想要学习一门新的语言的时候，不要说自己没有时间；当你想要追求心仪的女孩子的时候，不要说自己没有足够的条件。没有做不成的事情，只有不愿意去做的事情，那些看似冠冕堂皇的理由，其实是你的借口。梦想需要行动来实现，总是停留在幻想中是可悲的，因为机会永远不是等来的，请马上行动起来，为你的美梦成真做出应有的努力。

西尔维娅是一位美丽的美国女孩，她的父亲是当地有名的整形医师，她的母亲则在一家名牌大学里担任教授。西尔维娅从高中开始就很想做个主持人，她觉得自己有这样的能力，因为当她和别人交谈的时候，即使是不熟悉的人也愿意和她说心里话；当她面对陌生人的时候，那些陌生人都愿意亲近她，和她交流说话。再加上从小她的父母就十分疼爱她，愿意尽一切力量帮她达成她想要做的事情，所以她有着得天独厚的条件可以实现自己的理想。她自己经常在心里想，要是上天给我一个机会，我一定能够成为最受欢迎的主持人。除此之外，她什么都没有做。西尔维娅就这样不切实际地期待着，梦想着，什么都不做。她也只能永远地空等下去了。

南希是西尔维娅的同班同学，她从学校毕业以后，就开始四处谋职，几乎跑遍了当地的每一个电视台，甚至还有广播电台。每个地方的负责人都会告诉她，对不起，我们不录用没有任何工作经验的人，但是她仍然不放弃努力。最后，她在一个小地方的电视台找到一份天气预报广播员的工作，虽然南希不喜欢那个地方的气候，但她依然选择抓住这次机会。南希在这个岗位上坚持了两年，第三年她终于在大城市的电视台找到了喜欢的工作。

有时候，成功离你很近，只要你用行动开启成功这扇门。如果你把想法付诸行动，就会验证出这想法是否可行；如果你把誓言付诸行动，就会实现对别人的承诺；行动起来，机会让你远离懒惰，收获无数经验，将幻想变成现实，体验成功的喜悦。

（2）圆梦，只需行动起来

圆梦是一种计划，也是一种行动，只有行动才能够证明一切，证明你的想法是否可行，证明你自己有没有真才实学，证明你是不是真正的英雄。也许你的行动没有为自己带来成功，但是只要你认真地付出了，别人就无法评判你的功过，更没有资格耻笑你的失败。长江的滚滚水流，因为它经历无数浅滩险谷，仍不动摇自己奔腾万里的决心，最后东流入海；森林的郁郁葱葱，因为它毫不畏惧厚地高天，风霜雨雪，最终长成参天大树。没有经过艰苦的努力，何来所谓的成功。

古人说，锲而舍之，朽木不折；锲而不舍，金石可镂。梦想的实现是一个持续的过程，没有什么事情是一下子就可以做好的。梦想的实现，不是你做就可以，还需要你坚持做，哪怕已经看不到一点希望。那些成就了梦想的人，无一不是凭借着自己顽强的毅力坚持到最后的。实现梦想的行动最怕因为缺乏恒心而停止，最怕因朝三暮四的想法而放弃。只有坚持不懈地走下去，才能扫除障碍，实现自己美好的理想。

美国有一位全世界人尽皆知的动作影星，他就是与中国的成龙齐名的好莱坞巨星——史泰龙。他从高中时就想要成为一名演员，让所有人都能看到自己的表演。毕业以后他就来到好莱坞，找导演、问制片，磨破了嘴皮子，整整三年的时间，没有任何人看好他，他也没有得到过一次上镜的机会。寻常人早就被这样的冷落击垮了，可他没有放弃，而是在一次次的冷落中分析自己失败的原因，寻找自己还能够进步的地方，看自己哪里做得不够好。终于有一天，一个拒绝过他20多次的导演答应给他一次拍电视的机会。史泰龙很珍惜这次来之不易的机会，在工作中倾注了自己所有的努力和汗水。电视剧播出以后受到热捧，第一集就创下了收视纪录，史泰龙终于迎来了他演艺生涯的高峰，成为现在家喻户晓的影星。

史泰龙的故事告诉我们：一个人若是想要成就事业，就不要害怕途中的艰难险阻，不畏惧受到的委屈和挫折，把一切不公平都当成对自己的考验，把每一次毫不起眼的事情都当作走向成功的历练。随时做好迎接挑战的准备，做好迎接失败的准备，即使失败也没什么可怕的，只要自己的梦想还在。坚持不懈地执行自己的计划，脚踏实地，勇敢地向着自己的梦想勇往直前。

五年计划再好，你也得一天天过

人活于世，每个人都有自己的生活目标与理想抱负，谁都渴望成功，希望理想与追求得以实现，人生的成功之路更像一场马拉松赛跑而不是百米冲刺，前100米领先者不一定就能成为全程的优秀者，甚至都可能跑不完全程。在这遥远的征途上，合理的计划将会起到决定性的作用。

（1）不急功，不近利，慢慢成功

追求成功是每个有志之士奋斗目标。当然，追求成功并不只在于敢于追求，而且还必须建立在自身的能力基础之上。事实上，但凡急功近利者，一定是目光短浅者。他们一叶障目，不见泰山，殊不知急功是成功的最大绊脚石，往往会欲速不达。下面请看世界著名品牌雅诗兰黛与它的女主角艾诗蒂·劳德的传奇故事：

艾诗蒂决定以销售化妆品作为目标，可当时她既没有用很多资金来打广告，也没有把产品打入大型商场。她在心里思考着：花大钱打广告，急功近利，不是最好的产品推销方法，我要选择在合适的时机，把试制的化妆品作为礼物送人，这样的推销效果肯定会更好。机会总是偏爱于有准备的人，当她得知第五街萨克斯百货公司的助理采购员姆斯小姐因车祸而在脸上留下了疤痕时，艾诗蒂亲自把自制的雪花膏给她送去。一个多月过去了，姆斯小姐脸上的疤痕竟然奇迹般地消失了。因此，没过几天，萨克斯公司的化妆品采购员主动找上门来，向艾诗蒂订购了一大单货。后来又有一次在舞会上，艾诗蒂认识了当时纽约美容业的名家海达娜·鲁宾斯坦夫人。在仔细观察这位夫人之后，艾诗蒂礼貌且很直率地对她说："你长得很漂亮，但是如果你的脖子上再擦上一点雅诗兰黛粉饼，那就更美了！"说完，艾诗蒂随即赠送了一盒雅诗兰黛化妆品给她。就这样，要么是赠送、要么是邮寄或是在慈善活动时免费派发，抑或随购买的商品一并赠予顾客。艾诗蒂因此赢得了成千上万的顾客。雅诗兰黛作为高档美容护肤品品牌的知名度，从此直线上升。

艾诗蒂选择了循序渐进的方式，将自己的产品打入人心。无论做什么事情，我们都不能为了迅速登顶而产生急功近利的错误想法，在这种想法的指导下，很多的事都会事与愿违，往往是得不偿失的。成功是要有准备的，准备得越充分成功的机率就越大，也才可能走得更远。

（2）心愿小，步伐慢，道路广

一步登天不可能，但一步一个脚印却可以走得稳稳当当；一鸣惊人不可能，但一鼓作气做好一件事却有可能；一蹴而就成功不可能，但是，心愿小一些，步伐慢一些，道路就会宽广一些。听起来好像没有冲天的气魄，没有诱人的硕果，没有轰动的气势，然而，那是在默默地创造一个料想不到的奇迹，在不动声色中酝酿一个真实感人的神话。

曾经有一个行动缓慢的小女孩，19岁那年她被原东德莱比锡大学物理系录取，毕业后又加盟科学院物理化学中心研究所。科学院常组织各种文娱竞赛活动，有一次，院里要组织一场年轻人必须参赛的"体力大比拼"。她因行动迟缓，没人愿与其合作，只好与年近60岁的老工程师克尔曼结为一组。

比赛那天，主持人大声宣读规则：一男一女两选手一组，合力搬抬一块重200公斤的巨石，不得借助任何工具，抬离地面持续10秒钟者获胜。几组选手摩拳擦掌，她却怎么也找不着克尔曼。比赛正式开始时，首先走近巨石的是一对年轻男女，他们尝试了三次，都没有成功，只能遗憾地退出了赛场。接着，又一对身材健硕的青年男女走近了巨石，他们将石头倾斜着抬离地面，可是没坚持3秒钟，便以失败而告终。

这时，她看老克尔曼优哉游哉地走来，就喊他赶快投入比赛。老克尔曼摇头说："我还不懂比赛规则，先看看别人怎么比。"说完，便钻进旁观的人群，跟着人家人呼小叫，让急切的她不知所措。接卜来，又有两组选手败下阵来，她再也等不下去，于是，跑上去，揪住老克尔曼，嚷道："快上场吧，反正迟早都是输。"老克尔曼却抱歉地说："不好意思，我得去趟厕所。"说完便转身跑开，气得她直跺脚，但也没用。

就在整场赛事只剩下3分钟时，终于等来了老克尔曼。他俩的合作当然也是石头纹丝未动的结局。比赛宣布结束，克尔曼一脸自信地说："没有一组选手成功地搬动了石头，而我们是最后一组失败的，我俩是冠军，合作愉快。"

她恍然大悟：在处理明知将失败的事时，也可以把过程演绎得尽善尽美，这样便可以让输来得晚一些。她把这份领悟牢记心中，无论面对什么样的结局都沉稳从容，把过程做得尽善尽美，因为计划需要一点一点实现，日子需要一天一天度过。后来，她选择了从政，27年后，她成功当选为德国首位女总理。她就是著名的德国"铁娘子"——安格拉·默克尔。

为了一个个小小心愿，每天都在不慌张也不懈怠地努力，每天都是那么热情但不激进，不允许每一天虚度，不原谅每一天的懒散。这样，每天进步一点点，便堵死了一时心血来潮的浮躁，也拒绝了突然心灰意冷的悲凉，显得如此从容而淡定，这是内心最强大的力量。成功的道路并不是一帆风顺的，但只要我们有信心、有热情、有目标、能够持之以恒地坚持努力，成功就会一步步地向我们走来。

耐得住迷茫，找到属于自己的心花

在追求成功的道路上，我们往往只会警惕暗处的危险，却认为明处的诱惑是能唾手可得的利益，结果就会跌进人生的陷阱。因此，我们要防范暗处的诱惑，却不能躲避明处的陷阱。在种种诱惑面前，必须要保持清醒的头脑，勇于拒绝，显示出果敢的气概，这样才能实现最终的梦想。

（1）经得住诱惑，耐得住迷茫

在诱惑和迷茫面前，请学会转身，避开诱惑和危险，选择一条新的道路，就会有一片广阔的田地在等待你耕耘和收获。

大福是个在农村长大的孩子，他性格内向，但喜欢学习，二十岁那年他顺利地考上了一所北方的重点大学，这件事轰动了大福所在的那个小山村，大家都赶来庆祝，大福的父母还花了几千块钱，办了一桌气派的酒席。大学毕业后，大福留在了那个向往已久的北方城市。但是在城市里，大福像一个迷失了方向的孩子，微薄的工资，让他几乎每个月都沦为"月光族"。其实大福并不浪费，尽管他每天吃的饭菜都是一些家常菜，但是物价上涨太迅速；其实大福不奢侈，尽管他住的是一间很简陋的出租屋，可是城市房价不低廉；其实大福很心细，尽管他想孝顺日渐苍老的父母，他想给女友买漂亮的衣服，可是这一切都因为工资问题而搁浅，因为住房问题而耽误。痛定思痛后，人福决定回家想想办法。

回到家中，大福这样跟父亲说："爸爸，我是这么想的，你们在家住这样简陋的小房子，我心里不安；我在城里住在租来的小房子里，心里也不踏实。所以我想了想，您二老还有没有一点存款，10万块就行，我想在城里买一套大房子，首付10万，两室一厅的，到时候把您二老接到城里去住，您俩一室，我结婚后，和老婆孩子住一室。一家人团团圆圆、其乐融融，那样不是很好吗？"父亲听了，没有吱声，吃过晚饭后就出去了。大福问母亲，父亲去哪里了，母亲说去一家富亲戚家借钱去了。可是，父亲半夜回来的时候，大福见他两手空空、衣兜瘪瘪。

在接下来的几天里，大福就再也没有跟父亲提买房首付的事情。他一直陪着父亲去田地里干活，年迈的父亲一直趁闲暇忙着捉黄鳝和蛇卖钱补贴家用。父亲用黄鳝笼捕捉黄鳝，黄鳝笼是一个安装了颇为玄妙机关的篾制器具，笼子里放上诱饵，诱引水域里的黄鳝游入，机关的玄妙在于只能进不能出。父亲抓蛇是为了卖蛇胆，把锋利的刀片竖在蛇洞的入口处，蛇回穴的时候经过锋利的刀锋，疼痛的刺激促使它拼命向前爬，等到蛇爬过刀锋，肚子早已经被划开，不一会儿就死了。因为蛇没有倒退的本领，疼痛的恐惧促使它拼命向前。

大福忽然感到自己特别像黄鳝，再游过些许岁月的距离，就可能成了进入笼子，无法在城市的笼子里找到出口。他思虑再三，最终决定回到自己的家乡，在邻近的一个小城市找工作。在这个小城市里，他把大城市先进的技术和思维用到了工作上，由于成绩突出，被公司提拔，很快就当上了中层领导，又因为房价便宜，公司还有不菲的补贴，大福很快就买房安家，并把父母接到了身边，他那远在北方大城市打拼却久久不见起色的女朋友也来这里投靠大福，两人便很快结婚生子了。

大城市的诱惑，就好比黄鳝笼里的诱饵。黄鳝和蛇的教训让大福在面对诱惑和感知疼痛的时候学会了转身，从而保全了自己，闯出了一条全新的道路。激烈竞争中的正面交锋有时候会让大福们心力俱疲，倒不如退一步海阔天空。

（2）理想就是心花，自己的那朵最芳香

每个人心中都有一方沃土，每一方沃土上都会开出一朵花，它是心花，孕育在心中的花。有的大，有的小，有的艳，有的雅，有的丰满，有的娇弱，但只要用心去浇灌，就能芬芳整个心房。

欧登塞是个封闭的小镇，安徒生是个封闭的小孩。他的父亲是个贫苦的鞋匠，他的母亲是个质朴的妇人。6岁的安徒生是个爱幻想的穷孩子，他的第一个梦想就是长大后成为数学家，因此他努力学习数学，尽管他的数学是班上最差的。不久以后，他的数学成绩急剧上升，可是，

就在这时，学校却倒闭了，他只好回到家中。他在家中继续自学，可是，就在这时，他的父亲病逝了，他只好进工厂当童工。11岁的安徒生喜欢表演，于是在他的心中萌发了第二个梦想，就是长大后成为一名演员。可是，超负荷的工作压得他头晕眼花。

他的第二个梦想伴随着他度过了最辛苦的三年，14岁的时候，他哭闹着向母亲苦苦哀求，希望母亲同意他离开家乡去大城市独自闯荡，实现自己的梦想。他来到一个偌大而陌生的城市，走进一家又一家剧团，可是没有一家愿意接收他。他走投无路，只好先安顿下来打零工。打工的日子让他跨出了自己曾经封闭的心灵，完成了他从井底之蛙到高空雄鹰的完美蜕变。于是，他改变志趣和方向，怀揣着第三个梦想，转而去舞蹈学校学习，幻想着将来有一天能成为舞蹈家或歌唱家，成为大明星。可是，他很快就发觉自己不具备大明星的潜质，因为面对公众时，他很拘谨，也不能很好地完成演绎任务。

17岁的安徒生，已经学会了成人的思考，他认定自己当不了歌唱家，当不了舞蹈家，更成不了大明星，于是他又开始他的另一个奇妙幻想。他酷爱文学，还有阅读古典名著的习惯，他想，既然不能在前台出风头，躲在幕后努力创作文学作品，把好作品奉献给世人，这也是一个快乐而又伟大的事业啊。他的心灵之花开始绽放，于是他以天才般的灵感和才智写出了一部剧本，受到了名家的指点和赞赏，并被推荐到学校继续学习文化知识。

在学校，这个17岁的穷孩子备受欺凌，因为他小学没毕业，所以只好跟低年级的孩子坐在一起，因为他高高瘦瘦又满嘴乡音，孩子们都嘲笑他是又丑又笨的乡巴佬。不过，这个笨孩子并不孤单，因为他的心里创作之花在绽放，那是对文学艺术的热爱和追求。

23岁的安徒生初中毕业后，花了一年的时间专心创作第二部剧本，并获得公演，赢得了公众的认可和喝彩。他就这样成为一名才华横溢的剧作家。可是，三年后，就在万众欢呼声中，这位剧作家突然转身，再次踏上新的征程。他独自一人跑去大海上，当了一名海员。他在海上航行时，时间会变得很漫长，一到晚上他就把一切感情和思想写成故事，他游历了所有能够靠岸和抵达的国家，写出了三部游记著作。

后来，他回到自己的祖国，突然发现所有的孩子都喜欢阅读他写的故事了。他仿佛是一位老人，看到孩子们在聆听他讲述的故事之后，脸上洋溢着快乐的笑容，心里绽放着高兴的花朵。此刻，他感到无比幸福。

30岁时，他的自传体长篇小说出版，又一次广受好评和欢迎。34岁时，他自认为终于找到了属于自己的心花，花儿托起他终生创作的动力和源泉、目标和梦想。于是，丹麦作家安徒生的名字响彻整个世界，深得世界各国儿童的崇尚和喜爱，经久不衰，成为经典著作。他的一生共创作出童话故事168篇。去世后，他被称为"现代童话之父"、"世界童话之王"和"丹麦童话大师"。

人世间的花朵，经过辉煌的岁月，终将走到生命的尽头；人心中的花朵，无论经过多少春秋，都会一直挺立着，绽放着属于它自己的美丽和妖娆。心花的耀眼光芒可以穿透人心，默默净化着心灵深处隐藏着的黑暗与邪恶，映射着这颗心的光明与快乐。请给你的心花浇水，让它无忧无虑地生长，开出世界上最优雅、最纯净、最美丽、最耀眼的花朵，成为你迈向成功路上的一抹最美丽的风景。

退一步，绕一圈，成功路上天地宽

　　会计划的人，并不一味地争强好胜，在必要时，宁肯后退一步，做出必要的自我牺牲。遇事只要退一步去想、去做，说不定就会柳暗花明，峰回路转，更会让你摆脱"水穷水尽"的困境，避免自己成为笼中鸟的悲哀。所以，想成为在人生战局中留存到最后的幸运儿，还是别让意气乱了自己的阵脚！只有先退几步，方能大踏步前进！

（1）退一步，争先恐后最愚昧

　　人生在世，许多时候要学会退让，纷繁复杂的社会，如同烟波浩渺的大海，有时风平浪静，有时波涛汹涌。有的地方隐藏着暗礁，有的地方弥漫着迷雾，小小的我们，好比汪洋中的一叶孤帆，学会进退有余，才能到达辉煌的彼岸。生活告诫我们：处处挑剔、事事计较者，哪怕你壮志凌云，聪明绝顶，也可能落得失败的后果。为了绚丽的人生，我们需要审时度势，懂得进退之理，方可走近成功。

　　詹姆斯深深地记得他读大学时的一件事情：那是一个炎热的下午，

他准备去大礼堂听一位著名教授的讲座。由于被琐事羁绊，等他赶到大礼堂时，大礼堂里靠近讲台和过道两边的座位，都已经被别人占去了，而中间和后面那些出入不方便的座位，还是空荡荡的一片，除了最后一排中间座位上有一位同学之外，其余的座位都空着。

时间到了下午三点，讲座马上要开始了，教授却站起来，径直走下讲台，来到大礼堂最后面一排的座位上，指着座位中间的那个同学说："同学们，在开始今天的讲座之前，请允许我向这位同学致敬。"说着，教授向那位同学鞠了一躬。大礼堂里一下子变得鸦雀无声，大家不知道发生了什么事情，都在等待着教授的解释，因为这一鞠躬太让人费解了。教授站回讲台，看了看大家，缓缓地说："我之所以向这位同学鞠躬，是因为他选择坐最后一排座位的行为，让我充满敬意。"

大礼堂里立刻变得骚动起来，大家低声议论："这是为什么啊？坐最后一排怎么了？坐最后一排就光荣吗？为什么啊？真奇怪！"教授继续慢条斯理地说："我今天是第一个来大礼堂的，在你们入场时，我发现，许多先到的同学，一进来就抢占了靠近讲台和过道两边的座位，在他们看来，那一定是最好的位置了，好进好出，而且离讲台也近，听得也最清楚。只有这位同学来的时候，当时靠前和两边的位置还有很多，可是他却径直走到大礼堂的最后面，而且是坐在最中间。这位同学把好的位置留给了别人，自己却宁愿坐最差的位置。"

"哦，这样啊！舍己为人，值得表扬！可是，这样会很麻烦的！"台下有人小声说。教授似乎听到了，他微微一笑，道："我继续观察后发现：先前那些抢占了他们认为是好位置的同学，其实备受其苦，因为座位前后排之间的距离小，每一个后来者往里面进时，靠边的同学都不得不起立一次，这样才能让后来者进去。我统计了一下，在半个小时之内，那些抢占了好座位的同学，竟然为他们只想着自己的行为，付出了起立十多次的代价。而那位坐在后排中间的同学，却一直安静地看着自己的书，没人打扰。"

教授说到这里，停顿了一下，向大礼堂四周看了一遍，然后望着大家，继续说："同学们，请记住吧：退一步，可圆可方天地宽！当你心中只有你自己时，当你总是跟人争抢一些利益时，其实你也把麻烦和困惑留给了自己；当你心中想着他人时，当你在为人处世中懂得退让时，其实他人也在不知不觉中方便了你！退一步，把心放宽，后面的路就会好走一些！"

大家都被这位教授用如此独特的方法讲授人生哲理而折服，台下响起了热烈的掌声。掌声深深地印在了詹姆斯的记忆里，从此以后，他的人生字典里就再也没有出现过"争先恐后"这个成语。

（2）绕一圈，迟来的成功最完美

每个人在人生旅途中，都会遇上崎岖的山路、坎坷的洼地与曲折的河流，但是，有的人一生光环无数，有的人却潦倒穷苦。这是为什么呢？这就是面对挫折的态度不同，只需绕个圈，也许前一刻被视为障碍的事物，此时会变成你一生的转折点。人生嘛，何必那么固执？有些坚持的事情，不一定就是百分之百的真理，绕个圈，说不定还可以看到更好的风景。

那一年，22岁的诗翔大学毕业，为了留在南方的某座城市，诗翔拼命找工作，当时他学的是美术设计专业，找了几家美术设计院，但都是人满为患。诗翔体貌端庄、文质彬彬，随简历附上的作品也很有特色，有一家美术设计院的院长很喜欢他，对他说："我们这里暂时不缺美术设计方面的人才，你先来我们这里干个保安吧！等有机会再安排你转岗，走上专业的美术设计道路。"诗翔听了此话十分气愤，心想：我好歹是一个名牌大学毕业生，还曾在学校多次获得奖学金，又担任过学生会的干部，却让我去干保安，这还不让人笑掉牙吗。于是，诗翔气愤地回绝了那家美术设计院。

那段时间，诗翔找工作屡屡碰壁，感到非常苦闷，就回了趟老家。诗翔是个在农村长大的孩子，老家在山脚下的一个小村庄里。那天的天气阴沉沉的，他刚到家就下起了雷阵雨。父亲问诗翔："你不是在城里找工作吗？为什么回来了呢？"诗翔把大学毕业后的遭遇向在本村当民办教师的父亲说了，父亲听后笑着说："现在像你这样心态的孩子很多。"诗翔很纳闷："我是什么样的心态？我的心态出问题了吗？"父亲笑了笑："你的心态没有问题，你没有问题，你很好，真的，你很优秀。我像你这么大的时候，就没你这么优秀！"

于是，父子俩轻松地闲聊起来，聊着聊着，雷阵雨就停了。父亲建议："雷阵雨过后，山上有很多蘑菇和木耳，咱们去采点，晚上我给你做蘑菇汤喝，给你接风洗尘！"诗翔高兴地点头，便跟着父亲上山采蘑菇去了。当诗翔和父亲爬到山上时，才知道山上有很多人在采蘑菇，诗翔很惊讶，这可是个偏僻的小山村啊，哪来这么多的人！

父亲告诉诗翔："这些年你一直在城里上学，不知道村里发生了很大的变化，这里的蘑菇现在很出名，周围的人都知道，邻县也有人慕名而来！来晚了，就采不到了。看样子，咱们晚到了一步。"诗翔听了很失望，想今天的蘑菇汤喝不成了。父亲安慰他说："咱们摘一些山果回去吧！这里的山果没有打过农药，也是绿色食品呢！"

接着，诗翔和父亲摘了满满一麻袋山果，这时，山上的其他人都早已下山去了。父亲说："今天有你的帮忙，摘的山果太多了，咱们也吃不了这么多，这种鲜东西，搁几天就会坏了，咱们一起背到山下小镇，卖给水果店吧。"诗翔和父亲把山果背到了水果店，水果店老板却给了个很低的价格，这让诗翔很失望，这时，父亲让他在水果店稍等片刻，自己暂时背着麻袋离开了。过了一会儿，父亲拎了满满一袋子东西，回到了水果店。诗翔心想：肯定是父亲去另一家水果店，还是没有卖出去，所以又提回来了。

父子俩回到家，父亲给诗翔做了一锅蘑菇汤，诗翔很吃惊："蘑菇不是都让人采走了吗？"父亲看出了诗翔的疑惑，解释道："蘑菇是我用山果换来的。但也许你不知道，这些蘑菇不是人工培植的，而是山上雨后自然生成的，我们这里的人喜欢到山上采摘一些东西去卖。""哦！"诗翔恍然大悟，这时父亲又语重心长地加了一句："很多人都在去抢那个东西的时候，我们不一定能够顺利得到，有时候，我们不得不走一些弯路，这是没办法的事。转个弯，也许我们可以遇到更好的机遇！"

　　诗翔明白父亲的用意了，父亲是用这件事在启迪他啊！后来，诗翔还是去那家美术设计院做了保安，在那里，诗翔终于找到了机会，让设计部门的领导发现了他的才能。当时，设计部领导很惊诧地问诗翔："原来你是这方面的专业人才，有这么专业的设计才能！怎么愿意做保安呢？"诗翔自信地反问一句："我不来这儿做保安，您怎么会发现我的才能呢！"

　　每个人活在世界上都有其特点，没有人可以一帆风顺，也没有人注定一生坎坷。如果遇到困境，转换方向就可能有新的面貌出现，会发现柳暗花明又一村。学会绕个圈，路是自己走的。面对障碍纵身一跃，跳出所处的困境，超越内心的障碍。绕个圈，相信自己，一切皆有可能。

成功不是直行线，撞了南墙要回头

　　浩渺宇宙，芸芸众生时刻都在变幻莫测中挣扎！当我们在这样的人生路途中遇到绊脚石，该怎样抉择？是坚定理念，执着追求；变通行事，量力而行？其实一条路走不通可以绕个圈，任何事物的发展都不是一条直线。聪明的人能看到直中之曲和曲中之直，并不失时机地把握事物迂回发展的规律，通过变通，迂回应变，达到既定的目标。

（1）生活不是单行线，直走不行就转弯

　　每个人都有一个最初的梦想，但不一定具备实现这个梦想的能力。每个人都有所长，只有发现并加强自己的所长，在适合的领域去参与竞争，才有可能做到游刃有余！如果找错了方向，无论再执着，再努力，还是徒劳无功！不论如何，我们都要诚实面对，积极努力，因为生活不是单行线，一条路走不通时，我们可以随时转弯，即使不能完成最初的梦想，也会开避出另一条路。

　　13岁时，小姑娘麦瑞就确立了自己的梦想，要当一名出色的医生拯

救世人。圣诞节，在床头挂上袜子时，她许下的心愿是拥有一套完整的人体骨骼模型。那天，她的父亲送给她一套人体骨骼模型，帮她实现了愿望。这套模型是用金属挂钩把人体的骨骼组装起来的。麦瑞只用了两周时间，就可以把它完全拆卸，然后组装得严丝合缝。这让她的父亲十分欣慰。

随着小姑娘渐渐长大，她对医学方面的特殊天赋也得到了数次验证。后来，她被霍普金斯医学院破格录取，并允许她跟随教授们研究课题，到医学院的附属医院去坐诊，学习实际诊断的技术与经验。然而，麦端竟然发现自己晕血，这让她心灰意冷，休学回到了家中，常常在卧室里一待就是一天，断绝与外界的一切来往，甚至想要自杀。

麦瑞的祖母不忍心看着心爱的孙女就这样沉沦下去，决定找她谈一谈。那天下午，祖母拿着从《国家地理》上精心找出的一摞图片，来到孙女的卧室，一张张地把那些美丽的风景展示给她看，并柔声说："孩子，这个世界上不仅只有美丽的罗马，只要你愿意，你完全可以到达同样美丽的地方，甚至更加美丽的地方！"

后来，麦瑞重新选择了一所大学，踏上了新的梦想征途。毕业后，她在报纸上看到了关于风靡世界的芭比娃娃的讨论，得知芭比的身体太僵硬，眼睛也不够大，与顾客的期望相差甚远。于是，麦瑞利用自己的骨骼知识，完成了芭比娃娃征服世界之旅的重要一步，发明了骨瓷环，让芭比娃娃更接近真实的人体。她赋予了芭比娃娃更宽的额头，更大的眼睛，更灵活的部位，并受到了全世界小朋友的青睐，销往150多个国家，是20世纪最广为人知及最畅销的玩偶。

有的坚持让人倾慕万分，有的坚持让人肃然起敬，也有的坚持让人扼腕叹息。坚持的方式相同，但结局不一定相同。我们通常把坚持看成是一种顽强的毅力和不服输的精神，它就像不断促使人奔向成功的马达，时刻催促我们砥砺前行。但是，生活的路有很多条，如果此路不通，懂得转弯未尝不是一种明智之举。

（2）一条路走不通，可以走其他的路

一条路走不通，你可以返回去，找其他的路，只要最终能到达目的地即可。如果坚持走一条走不通的路，最终只会南辕北辙渐行渐远。

有一家成立十几年的公司，业务蒸蒸日上，规模不断在扩大，员工越来越多，待遇也越来越好，局面十分乐观。可是，天有不测风云，前不久遇到一些困难，公司出现了亏损。领导层在多次商讨之后，为公司的生存与发展制订出一些行之有效的方案，可惜这些都不能减轻一份压在董事长心头的负担，因为马上就要过新年，照往例，年终奖金最少加发两个月。今年可惨了，算来算去，顶多只能给一个月的奖金。

董事长食不甘味，夜不能寐，这么多年来，大家一直领的是两个月的年终奖，如果让他们知道，这次只领一个月的奖金，员工的工作积极性一定会受到伤害！他真不知道怎么硬着头皮对员工开口。后来，总经理想了一个办法，他对董事长说："我们需要变通！"

不久，公司突然传来小道消息——由于今年的营业不佳，年底估计

要裁员。顿时，公司上下人心惶惶。正当大家诚惶诚恐、议论纷纷时，总经理发言了："公司虽然艰苦，但大家同在一条船，再怎么危险，也不能牺牲共患难的同事，因此，有关裁员的谣传，请大家不必放在心上！只是，为了度过这段艰难时期，年终奖金可能发不了了。"大家听说不裁员，人人都放下了心上的一块石头，那不致卷铺盖走人的窃喜，早压过了没有年终奖金的失落。

就在放假的前一天，突然，董事长召集各部门主管紧急会议。几分钟之后，开会归来的领导们纷纷冲进自己的部门，兴奋地高喊着："有了！有了！还是有年终奖金，整整一个月！董事长和总经理都双双表态了，苦什么也不能苦员工，欠什么也不能欠良心！年终奖金马上发下来，让大家过个好年！大家先各就各位，等着会计叫到你们的名字吧！"于是，整个公司大楼，立即爆发出一片欢呼声。

上面的故事告诉我们：当你山穷水尽之时，不妨回到原点，认真思考一下，是否有其他的道路可走！如果你希望自己事业有成，那么就请你学会变通，在陷入绝境要细细思量，寻找新的出路。

CHAPTER 7

第七章

静下来反省，你不必总是手忙脚乱

　　你可以在花香四野的春季里反省，要好好努力奋斗；你可以在浓荫蔽日的夏季里反省，要好好预约成功；你可以在金灿灿的秋季里反省，要好好收割庄稼；你可以在雪落无声的冬日里反省，要好好庆祝宁静。生活中不能没有反省，让反省的花朵适时绽放，让它的芬芳驱赶你的紧张和不知所措，直到有一天攀上幸福的云端！

别让浮躁情绪侵袭你的宁静

现在的很多人，不论年龄和性别，多多少少都存在着浮躁心理。浮躁主要指由内在冲突所引起的焦躁不安的情绪状态或人格特质，是一种朝三暮四、浅尝辄止的心理现象，常常表现为东一榔头，西一棒槌，这山望着那山高，静不下心来，受不了寂寞。浮躁的人是很少为一件事而倾尽全力的，因此经常做事半途而废。他们通常在刚开始的时候是满腔热情，随后便热情消退，最后完全放弃。浮躁心理会让人们产生各种心理疾病，成功、幸福和快乐也会被它所羁绊。

（1）不浮躁，失败会离你越来越远

培根曾经说过："凡事不可急于求成。放慢些，我们才能更快。有些人常常为了追求速度，凡事都草草了事，结果只能是得不偿失。本来是一件很容易做成的事，而且可以一次成功的，因为求成心切，所以要回头重复很多次。"因此，我们要培养自己的自我控制能力，培养自己坚守信念、拒绝浮躁的心理素质。

　　古时候，有一个年轻人想学剑法。于是，他就找到当时武术界最有名气的一位老师父拜师学艺。师父答应了他的请求，先是把一套剑法传授给了他，并叮嘱他要刻苦练习。一天，年轻人问师父："师父，如果我以现在的状态练下去，需要多长时间能够成功呢？"师父回答："大约3个月。"年轻人又问："师父，如果我晚上不睡觉，继续练习，需要多久才能够成功？"师父回答："需要3年。"年轻人吃了一惊，继续问道："师父，如果我白天黑夜都用来练剑，吃饭走路也想着练剑，又需要多久才能够成功？"师父微微笑道："30年。"年轻人愕然，诧异地问："师父，这是为什么呢？难道我越是刻苦，越是无效吗？"师父回答说："你是越来越刻苦了，可是你的心态越来越浮躁了，你急于求成，心乱如麻，在这样的状态下，你怎么可以在短期内练成这套需要在静心状态下修炼的剑法呢？"

　　当我们心浮气躁时，可以先努力让自己的心情放松下来，试着理一理心头烦乱的情绪，用冷静来代替急于求成的心理。倘若我们时刻保持一种顺其自然的心态，那么，事情的结果就会远远好于心浮气躁时盲目的冲动。

　　芝加哥大学著名心理学家萨勒组织了一群4岁的孩子，并对他们说："现在，在你们面前的桌子上有两块糖，如果谁能坚持20分钟不吃糖，等我回来的时候，就把两块糖全奖给他；但是如果不能等那么长时间，就只能得到一块，如果现在站出来承认，马上就能得到一块。"结果，2/3的孩子选择宁愿等20分钟得到两块糖。当然，他们很难控制自己的欲望，不少孩子只好把眼闭起来傻等以抵制糖的诱惑，或者用双臂抱头不看糖，或唱歌、跳舞。还有的孩子干脆躺下睡觉，只是为了熬过那20分钟。1/3的孩子选择现在就吃一块糖，萨勒一走，他们便在1秒钟内把分来的那块糖塞到了嘴里。12年后，萨勒发现，凡是那些熬过20分钟的孩子，他们都有着较强的自制能力，肯定自我，对自己充满信心，而且有较强的处理问题的能力，坚强且乐于接受挑战；而选择吃一块糖的孩子，则表现为犹豫不定、多疑、妒嫉、神经质、好惹是非、任性、经受不住挫折、自尊心易受伤害。

从上面的试验中，我们得到的最大的启示是，浮躁是人们前进道路上的绊脚石，一个人一旦养成了浮躁的不良性格，就会逐渐变得盲目和愚昧，信念也会慢慢坍塌，人生也会失去目标，经不起挫折和考验，最终一事无成。越是急躁，就会在错误的思路中陷得越深，就越难摆脱痛苦。

（2）拒绝浮躁，生活格外眷顾你

有人这样形容当今的社会：一切都可以"速溶"，基本上都能够"克隆"，倚仗的全是快餐，满街都是浮躁的人群。浮躁是一种心灵的躁动与煎熬，在行动上表现为一种冲动性、盲动性和冒险性，使灵魂失去家园，使精神无所依托，使信仰变成断线的风筝。所以说，冲动来自于激情，平静来自于修炼，请拒绝浮躁，让我们的生命从容起来，脚步坚定下来，心境平和下来，别让外界纷扰影响了你。

有一个庞大的企业集团，开了几十家连锁店，并在分店的窗户上贴了一张独特的广告来招聘分店的管理人员：

本店招聘一名管理人员，即店长。学历不限，工作经验不限，长相不限，性别不限，年龄在35岁以下，性格稳重，心态平和，要求在喧嚣的都市生活里，能够克服浮躁的心态，克制自己的情绪。若有符合要求者，请踊跃报名，一经录用，待遇从优，月薪三万，年终分红。

某个分店门口的求职者排着长队，等待着面试时刻的来临，每个求职者都要经过一次特殊的考试。

第一个面试的是一个精神抖擞的小伙子，面试官简单地提问过后，把他带到办公室，然后把门关上，将一张报纸送到他的手上，上面是要求反复阅读100遍的那段文字。小伙子刚开始阅读时，企业家放出了六只可爱的小狗，小狗跑到小伙子的脚边。小伙子经受不住诱惑，想要看看这些美丽可爱的小狗。由于视线离开了阅读材料，他忘记了自己的角色，读错了。当然他失去了这次机会。

第一个面试的是一位美丽端庄的姑娘，面试官简单地提问过后，把她带到办公室，然后把门关上，将一张报纸送到姑娘手上，上面是要求反复阅读100遍的那段文字。姑娘刚开始阅读时，企业家放出了六只可爱的小猫，小猫跑到姑娘的脚边。姑娘经受不住诱惑，想要哄哄这些美丽可爱的小猫。由于视线离开了阅读材料，她也忘记了自己的角色，读错了。当然，她也失去了这次机会。

就这样，面试官打发走了100个年轻的求职者，直到面试到第101个求职者时，最后那个姑娘终于不受诱惑，一口气读完了100遍那段文字。面试官通知姑娘已经被录用的时候，问她为什么能经得起诱惑，她的回答是："我能克制自己浮躁的心理！"

这个故事告诉人们一定要保持一种脚踏实地的精神。浮躁的人一般容易见异思迁，他们做什么事情都没有恒心，不安分守己，总想投机取巧。人一旦浮躁，就会终日心神不宁，焦躁不安，长此以往，容易丧失收放自如的生命弹性。因此，我们要拒绝浮躁，脚踏实地去做事这样才会成为被生活眷顾的人。

焦虑让自己陷入无端的恐惧中

在当今这个千变万化的社会中，尤其是在纷繁复杂的都市中，焦虑症已经变成了一种流行病，有很多人经常会感到焦虑。焦虑不仅仅是一种心理疾病，它还时刻影响着我们的身体，导致心跳加速、血压上升、口干舌燥、恶心、呕吐、腹泻、失眠、消化不良、食欲减退、注意力集中困难、记忆力衰退等症状，严重威胁身体健康。所以，不可小视焦虑的危害，也不要让它游走在身心的任何一处。

（1）打开心扉，别让焦虑关闭心灵之窗

焦虑是现代人的通病，焦虑症患者的焦虑不是来自外界真正存在的实际危险，而是杞人忧天式的空想，如担心下岗，担心失恋，担心交通事故等等。长期感到焦虑的人，就算生活风平浪静，也会在心灵深处掀起狂风巨浪，以至于面对现实社会时手足无措、无所适从。所以，当人们出现轻微焦虑的时候，应当意识到这是一种不健康的心理，要充分调动主观能动性，克服焦虑，远离焦虑。

有这么一个女孩，她在10岁的时候，有一次过马路时，差点儿被一辆疾驰而来的汽车撞上，尽管身体并没有受到多大的损伤，但是心理上却造成了很大的阴影。后来，她在18岁的时候，有一天到商场去购物，却突然产生原因不明的恐惧、紧张、害怕，甚至是手脚发凉、浑身颤抖的症状，同时还感到胸闷、心慌、透不过气来的压抑，她甚至感觉自己快要疯了，当她迅速逃离了商场以后，症状在持续了半小时后才自行消失。此后，这样的症状经常发作，有时一周1~2次。时间、地点、场合也没有规律可循，同样也无明显发作征兆。发作的时候头脑清楚，客观环境也并没有与之相对应可怕的事物和情境。她开始越来越害怕自己一个人待在家里面，很怕自己死去了别人也不知道。外出时也需要亲人陪同。她曾经多次到医院就诊，甚至还服用过安眠类的药物，病情却仍然时有发作。

其实，这便是焦虑症的反应过程，女孩身体的不适，都是由内心潜在压力的反应造成的。虽然说焦虑是一种正常的情绪反应，适度的焦虑还会达到改善自己的作用。但是，过于频繁的焦虑，可以把人拖入死亡的境地。

焦虑是人们幸福生活的魔鬼。那么，怎样才能识别过度的焦虑，并且摆脱焦虑呢？或者，简单一点讲，就是如何让自己重新快乐起来？首先要做的就是打开心扉，才能对症下药。经调查，那些乐观向上、兴趣广泛的人是不容易患焦虑症状的。因此，学会调整自己的心态和情绪，正确对待压力、心胸开阔，培养多种兴趣爱好，乐观处世，对改善焦虑症很有帮助。

焦虑情绪就像空气一样，包围着人们，使人们无法及时地察觉，又像寄生虫一样，不停地侵蚀着人们原本健康的心态，以各种方式扰乱人们的身心，赶走人们生活中的那些温馨与快乐。所以，当一个人由于过分焦虑而心理扭曲的时候，就需要采取一些鼓励的方法和手段来缓解心理的负担。这样就能够慢慢从这种压迫的情绪中解放出来。而最关键的还是焦虑者本人，认清焦虑所在，才能打开心扉，摆脱折磨。

（2）远离焦虑，凡事都往好处想

很多时候，焦虑并不是来源于痛苦的情境，而是源自于自己莫须有的想象。生活压力大，很多困难都是真实的，也是迫切的，焦虑随之而来，积累了太多焦虑的情绪，就会有喘不过气来的感觉。这时，只有接受现实，智慧地选择最适合自己的方法，给沉甸甸的焦虑情绪找到正确的出口，慢慢地释放出去。遇见了自己不愿意面对的人和事，不要害怕，不要胆怯，正确地接受他的存在，处理问题的方法就会慢慢变得成熟起来。

美国有一个叫米契尔的青年，在一次车祸中遭遇了前所未有的灾难，他全身三分之二的面积被烧伤，面貌恐怖，手脚变成了肉球，他的内心痛苦而又迷茫，十分沮丧，以至于在焦虑中度过了一天又一天。不过，他是一个勇敢的青年，经过几个月的疗养，加上几个星期的左思右想，他终于开始为摆脱焦虑而努力。

在病房里，他是伤得最重的，却是最乐观的病人，他用自己的智慧和幽默去讲述能鼓励病友战胜疾病的故事。有一天，一位护士学院毕业的金发女孩来看他，他一眼就断定这是他的梦中情人，他把他的想法告诉了家人和朋友，大家都劝他："这是不可能的，你的身体处在这种状态之下，是没有漂亮姑娘能看上你的，万一人家拒绝你，多难堪。在这件事上，你真的不可以过分乐观，你要有自知之明！"米契尔却说："不，你们错了，万一她答应了呢？凡事都往好处想！想一想，我是个青年才俊！我哪里不够好？为什么人家姑娘会看不上我呢？万一她看上我呢？这也不是绝对不可能的事情！"于是，他勇敢地与姑娘约会、向姑娘求爱。两年之后，这位美丽的金发女孩嫁给了他，两人过上了相亲相爱的幸福生活。

多年后，经过不懈的努力，积极乐观的米契尔成为美国人心中的英雄，成为坐在轮椅上的美国国会议员。

凡事多往好处想，你便会拥有比旁人更好的心情、更稳定的情绪；凡事多往好处想，你便会拥有比他人更多的盼望，从而产生更大的努力动机。一个言语之中带有希望的人，绝对会比一个惯于唱衰的人更能得到别人的好感。学会凡事多看到积极的一面，你便真的会找到解决问题的更好办法，使自己拥有更美好的人生。

任凭风浪起，稳坐钓鱼台

通常情况下，生活总是平淡的波澜不惊的，但是波澜不惊的生活有时候也会掀起滔天巨浪，这些巨浪总是会将我们的生活打乱，这个时候，我们只有保持平和冷静的心态，才能让自己不受外界的干扰，明白自己最想要的是什么，并看清形势，然后制定计划以达成自己的目标。我们只有保持这种平静的心态，才能把困难变为平常事，排除负面情绪的干扰，集中注意力在问题的本身上，使之得到最佳的解答。我们要静守一份平淡，挥洒一份执着，不自欺欺人、不妄自尊大、不急功近利、不飞短流长，这样才能"任凭风浪起，稳坐钓鱼台"。

（1）遇事不慌，方可扭转局势

人生在世，不如意之事十有八九，在你追求幸福的生活、成功的事业时，难免会遇到一些磕磕碰碰，甚至面临一些危险处境。但是，如果你拥有一颗平静的心，那么不管是何种险恶来袭，都能够信心十足、遇事不慌地战胜它，化险为宜。在国外流传着这样一个情节离奇却又剧情合理的故事：

有一天夜晚，查理斯在自己的书房中写稿件，突然一个穷凶极恶的人破门而入。查理斯双眼看着他，非常礼貌地问："请问有什么事吗？先生。"只见对方从腰间拔出了一把锋利的刀指向查理斯，说："请你记住，我的名字叫鲍勃尔，是受人之托来杀你的，所以，你不要怪我。"查理斯仿佛自言自语一样地说："居然有人想要刺杀我，这还真是件奇怪的事。"他完全没有理会对方的存在，对方大声地重复了一遍说："我叫鲍勃尔，我一定要杀了你，没听见吗？"查理斯充满好奇地问："必须要在今天把我杀了吗？必须是此时此刻吗？早一点或者晚一点都不可以吗？"对方坦诚地回答说："这个他们倒没有告诉我具体在哪一天或者什么时候，可是我必须完成这项任务。"查理斯不慌不忙地说："但现在我真的非常忙，我还有好多稿件要写，着实有点不太方便，这样吧，你改天再来杀我，我等着你，并欢迎你的到来。"说完，查理斯又低着头继续写稿件。查理斯表现出来的从容、大度与镇静使凶犯惊呆了，一时之间他站在那里不知所措，过了一会儿之后，他把刀收起来走了出去，此后，再也没有回来过。

故事中的查理斯临危不乱、从容冷静为自己赢得了宝贵的生命。这个故事告诉我们，如果遇到不能改变的局势、不能战胜的敌手，那就不要在刀锋上跳舞。这时，我们不如顺其自然、泰然处之，在被动中寻求主动、在主动中寻找转机，这才是真正的智者表现。查理斯在面对刺客时，所表现出来的是一种心胸的豁达、内心的坦荡、待人的真诚以及处变不惊的气度和临危不乱的气质。这些成为他最有力的武器，最终他扭转了形势，保护了自己。

（2）临危不乱，方可转危为安

古今中外，很多的先贤伟人们都有遇事不慌、沉着冷静的特点，这让他们能够正确地判断局势，然后随机应变，获得成功。冷静平稳的心态往往是成功的必要因素，而愤怒或疯狂易变的心理状态，则常会使人做出不理智的举动，将你引入失败的深渊。当面临生死威胁的时候，凭借正确的人生观、耿直的正义感以及良好的品性，能够使你临危不乱、镇定自若。处变不惊的心态，不仅可以给你平时的生活带来幸福、稳定与畅快，更能在大难临头的时候，助你逢凶化吉、转危为安。

1912年，西奥多·罗斯福正式参加了美国总统竞选。同年10月24日，他正准备去密尔沃基发表演说时，一个名叫约翰·施兰克的精神病患者向他开枪射击，并且击中了他的右胸部。当时，他口袋中的眼镜盒与演讲稿阻挡了子弹的速度，让他保住了性命，但是他仍然身负重伤。他的随从人员坚持要送他去医院，他却斩钉截铁地说："现在我要去做演讲，你们不要阻止我去演讲！你们现在应该做的就是保持镇静！我在做完演讲之前，是绝对不会去医院的，所以，请你们务必记住：保持冷静！我没事的，我的身体很强壮，完全可以撑过这段时间！"说完，他下令继续向大礼堂前进。此时，他身边的人都知道了他被击中的事情，非常担心他的身体，可是，他却带着伤痛，从容不迫地走上演讲台。

有一位记者这样描述了当时的情景：罗斯福面带笑容地向人们招手。男人与女人们纷纷从自己的座位上站起来，向这位令人敬佩的人发出自己爱戴的惊呼和同情的感叹。当时的罗斯福，掏出自己那份沾染了鲜血的讲稿之后，开始了长达一个半小时的讲演，他那近乎微弱的声音荡漾在寂静的大厅里："我在一生中，已经度过了一段极其悲壮英勇的时光，现在正在继续经历着……"伟大的罗斯福，在关键时刻以自身顽强的意志完成了这次讲演，征服了千千万万支持者的心，在更多的选民中树立起了威信。

罗斯福临危不乱、处变不惊，始终保持平和的心态，这是他成功的关键。要知道，多彩的人生的确少不了激情惊险和大欢大喜来点缀，但平静才是真，把一切弃于凡尘，安然于喧嚣之中，心绪自然会平静，只有这样，你才能更加坦然地面对人生中的得与失。人生漫漫长路中，不可能时时都是风和日丽的春天，遇到一些困难和挫折在所难免，我们应该做到：既要准备谱写征服激流险滩的人生壮歌，也要具备默默无闻、无私奉献的平和心境。这样，处世时才能"任凭风浪起，稳坐钓鱼台"。

不冷漠，不逃避，关注就是力量

当今社会，纷纷扰扰，冷漠悄悄在某些人的心灵深处扎下了根，在某类人的一两声叹息中荡漾开来。然而，冷漠由心而生，亦可由心而灭。要知道，同一个世界，同一个地球，我们都是同胞和朋友，应该脱下冷漠的外衣，一起携手走进温暖如春的热情世界。

现代生活中，快乐和痛苦都是人生的财富，与其消极地逃避，不如勇敢地面对。如果我们能够勇敢地接纳自己、善待他人，并克服遇事就逃避的负面心理，那么我们就能拥有精彩的人生。

（1）冷漠，是因为欠缺热心

冷漠是人们心中坚实而残酷的精神武器。它可以不留印记地把一段甜美的婚姻拖入万劫不复的境界；它可以无迹可寻地把一对好友变得形同陌路；它可以毫无征兆地把人的信念毁灭得荡然无存。因此，我们要学会热心，学会微笑，学会爱和鼓励。

英国19世纪最负盛名的剧作家奥斯卡·王尔德曾经讲过这样一个

故事：

有一个出生在贫穷人家的小男孩，他的名字叫作休吉。有一天，一个可怜的老妇人上门乞讨，休吉的母亲将全部的家当——仅有的几个便士全部赠给了她。小休吉急了："妈妈，我们今晚吃什么啊？"母亲说："宝贝，我们一次不吃晚饭没有关系，可是这个可怜的老妇人，如果没有这几个便士，就有可能在这个饥寒交迫的夜晚倒下。宝贝，你一定要记住，学会关心弱者，帮助他人，这样才会得到心灵的快乐与安宁。"

后来，小休吉逐渐成长为一个心怀善念的英俊小伙。有一次，他在朋友奥凯的化妆舞会上邂逅了一位美丽女孩，她就是上校的女儿劳拉，于是，两个年轻人迅速坠入了爱河。可是，当休吉与劳拉向上校提出结婚的时候，高傲的上校并不看好休吉，他嫌弃休吉家庭贫寒，于是告诉这位年轻人："孩子，当你拥有1万英镑的时候，再来找我吧，那时我们再谈你迎娶我女儿的事情。"

对休吉来说，1万英镑简直就是个天文数字。那些日子，休吉看上去非常无奈与伤感。有一天，他到一位画家朋友艾伦家去散心。在那里，他们看到艾伦正在画一张乞丐画像。画里是一个干瘪的小老头，脸上布满了皱纹，眼睛里锁着一副悲哀的神情，肩上搭着一件粗陋不堪的上衣。他一只手拄着粗糙的拐杖，另一只手拿着破帽子，做出伸手乞讨的姿势，这让休吉立刻动了恻隐之心。

过了一会儿，佣人进来跟艾伦耳语了一番，艾伦告诉休吉，他要出去见裱画商，让休吉与那位老乞丐等他回来。休吉看到衣服褴褛的老乞丐，心中油然而生一种要帮助他的冲动。休吉伸手摸摸衣兜，摸了半天才找到一个英镑和几个便士，他毫不犹豫地塞进了老乞丐的手里。老乞丐吃了一惊，微微一笑，说："谢谢你，年轻人。"

艾伦谈完事回来了，休吉连忙告辞，对自己所做的事情有点惭愧，他掏了半天就只能赠给老乞丐一个英镑和几个便士，而且他自己今天就没钱坐车回家了，他不得不步行回家。

那天晚上，休吉在酒吧遇到了艾伦："喂，艾伦，你那幅画画好了吗？"艾伦回答："我画好了，休吉，谢谢你的关心。"

"亲爱的艾伦，"休吉说，"我还想关心一个人，他如此悲惨，真是不幸。我家里有很多旧衣服，你说他会不会需要一些？他的衣服都快破成碎片了。"艾伦笑着说："你真是个热心肠的善良家伙，那个老乞丐很喜欢你，他还不停地打听你的事情，于是，我把你的一切都告诉他了——包括你那个嫌贫爱富的准岳父、美丽可爱的心上人，还有那1万英镑的伤心事！"

"天哪，你把我的私事全告诉他了？"休吉大声嚷道，"这多丢人啊！"艾伦笑着说："你称作老乞丐的那个人，是欧洲的首富。如果他愿意的话，他明天就能够买下整个伦敦。"休吉立刻懵了："你到底在说什么呀？艾伦！"艾伦大笑之后解释道："你今天在画室里看到的那个老乞丐是诺丁男爵。他一个月前委托我把他画成乞丐，这是一个富翁的奇思妙想！"

"诺丁男爵！"休吉跌坐在扶手椅里，"天哪！我给了他一个英镑和几个便士！艾伦，你若是早告诉我，我就不会闹出这样的笑话！"

"哦，休吉，我可怜的朋友，"艾伦打趣地说，"我根本没想到你这么热心，还会给人家钱。况且，我弄不准诺丁男爵是否愿意我对你提及他的名字。"

"他肯定认为我是个没有眼光的大傻瓜，连个大富豪都看不出来！"休吉生气地说。"绝对不会的，"艾伦笑着应道，"你走以后，他说这样热心、善良的年轻人，完全应该得到他想得到的幸福。"

休吉还是很懊恼："我真是个倒霉鬼，现在我最好是马上离开酒吧，立即回家睡觉，早点睡着就早点忘却这个大耻辱！亲爱的艾伦，你千万别告诉任何人。如果让别人知道了，我以后就不敢出去抛头露面了。"休吉说完就离开了。

第二天早上，休吉正在吃早餐，有人送来一封密封的信，信封上写着："送给休吉和劳拉的结婚礼物。老乞丐赠。"休吉打开信封，里面是一张1万英镑的支票。

因为冷漠，心灵会长出皱纹；因为热心，你可以把沉闷的车程变成探险，把加班变成机会，把陌生人变成朋友。让我们双目有神，让我们步履矫健，让我们充满热情，拒绝冷漠，关注弱者，心留余光，温暖大家，拿出在你心里一直逗留的那份善良，让我们手牵着手，心连着心，共同守护这个美丽的世界。

（2）逃避，是因为欠缺仁心

逃避，不一定躲得过；面对，不一定最难受。逃开了，本以为是对责任和爱的解脱，殊不知，这只是一种懦弱与冷漠，没有面对挑战的勇气，没有承担责任的真诚。逃避的人缺乏爱心，爱心是一种智慧的火花，指引着我们前行的道路，使我们不会在人生的路上迷失方向，心中有爱的人是不会逃避任何事情的。

　　有一个在战火中幸存下来的士兵，他回到生他养他的那座城市里，他没有直接回到爸爸妈妈的身边，而是在一个小宾馆里住下了。

　　晚上，他拨通了家里的电话："喂，爸爸，我是斯蒂文！"

　　爸爸听到儿子的声音，惊喜万分："儿子，你在哪里呢？是不是在回家的路上了？经过了战火的洗礼，如今你平安归来，真是太好了！"儿子能够听出爸爸那颤抖的声音，他知道那是激动的声音，可是，电话这头的他却异常得平静。

　　"儿子，我的斯蒂文！你终于来电话了！你平安了！我勇敢的孩子，你终于给我们报平安了！"那是妈妈的声音，话语里有泪珠滑落的声音。

　　电话这头的儿子，心中依然没有一丝涟漪，他低声道："爸爸妈妈，我已经回到旧金山了，跟朋友一起，住在一个宾馆里。"

　　"你快点回来吧！儿子！"妈妈的嗓门提高了，显得有些急切，"爸爸妈妈都很想念你，一年没见了，难道你不想早点见到爸爸妈妈吗？"

　　"可是，我和我的朋友在一起！我想带他一起回家！"

　　"我们非常欢迎你的朋友！"爸爸从妈妈手中接过话筒，"儿子，快回来吧！带着你的朋友一起回来！我们会热情地招待他，不会让你丢脸的！"

"他是我的战友！"战士的声音还是那么平静。

"战友也好，朋友也罢，我们都欢迎，快回来吧！"妈妈又从爸爸手中接过话筒，"跟你的战友一起回来——需要我们开车去接你们吗？在哪里能接到你们？"

"不用你们接——"儿子停顿了一下，继续道，"我的战友在战争中受伤了！"

"哦——"爸爸的语气里显得有些失望，"那挺麻烦的，怎么不上医院治疗呢？你带他回来，有什么用呢？"

"已经接受过治疗！"儿子的回答很短促，他在等着爸爸的反应。

"那就好！"爸爸把话筒主动给了妈妈，"听妈妈的话，带他一起回来吧！既然治疗好了，就在我们家多住一段时间！"

"他在战争中受了重伤，少了一只胳臂和一只脚，现在装的是假胳膊和假脚，行动起来非常不方便！他是个孤儿，现在走投无路，我想请您允许他和我们一起生活。"儿子终于把自己的意图完完全全地说了出来。

"不行的，儿子，绝对不行！"妈妈把话筒扔给了爸爸，"我让你爸爸跟你讲讲其中的要害之处！"

"儿子，我对此感到非常抱歉，"父亲接过话筒，犹豫了片刻，"不过，我们或许可以帮他找一个安身之处。"

"他需要的不是什么冷冰冰的安身之处，而是一个家，一个温暖的家！"儿子的声音有些激动，"他真的需要关爱！求求你们了，爸爸妈妈！"

爸爸沉默了片刻，继续劝阻道："儿子，你知道自己在说些什么吗？你不能这么无限地善良下去！像他这样的残疾人，会给我们的生活增添很大的负担，我们有自己的生活，不能让他这样破坏我们的生活。他就是个累赘，你知道不知道？我建议你先回家，然后把他忘了，他会得到国家的安抚而活下去的，我们不能给自己找麻烦。这种事情，别人躲还来不及呢，你怎么就这么爱心泛滥？不可以的！请你想一想爸爸妈妈，想一想这个家，我们的幸福来之不易，不要为了别人而牺牲自己的幸福。"

就在此时，儿子把电话挂断了，父母再也没有他的消息了。

一个星期之后，斯蒂文的爸爸妈妈接到了来自旧金山警局的电话，得知他们亲爱的儿子已经坠楼身亡了。他们伤心欲绝，连夜飞往旧金山，来到儿子的尸体旁，当他们奔上去摇晃着儿子的身体放声大哭时，警察提醒他们小心点，别摇掉了死者的假肢——那是一只假胳膊和一只假脚。

总是想着逃避一些东西，总是希望自己的肩膀上少负担一些责任，逃避会让你永远守在今天而看不到明天，这是在亵渎自己的人生。只要我们凭着本心的善良与本质，去爱护万物的神奇，去体验生命的瑰丽，去享受人间的温暖，去帮助苦难中的人们，幸福就会悄悄地莅临我们的心灵，让我们品尝欢乐和甘甜。

对未来不怯懦，对过去不留恋

世界上没有什么过不去的桥，也没有趟不过的河。面对未来，只有抬头，才能看见满天的繁星；只有行动，才能追逐美好的梦想。面对过去的成败得失，不要沮丧，也不要留恋。也许失败过，受挫过，但事实上没有什么比苦难更珍贵。如果你不勇敢、不积极、不快乐的话，那你就在自己心中设置了一座监狱，给自己判了无期徒刑，从而阻止了艳阳天的如期降临。

（1）怯懦，是用虚拟的卑微打垮自己

任何人都不可能一帆风顺、步步高升，我们遇到的每一次挫折，都必须当作生活的考验。怯懦，是每个人面临困境或遇到陌生的事物所表现出来的心理反应，要实现从懦弱走向强大，需要你保持自信，内心强大。

有一个16岁的未婚姑娘，在别人的白眼中生下了一个黑人男婴。他不知道自己的父亲是谁，母亲从来没有提起过。从记事起，没有一个孩子愿意和这个黑人男孩玩，他们一边喊着"打死你这个没爸爸的野孩

子"，一边朝他身上扔泥巴。他左右躲闪，狼狈地朝后退，结果一下子掉进身后的臭水沟里，全身又湿又臭。在孩子们的哄笑中，他使劲地低下头，蜷缩着身子，双手抱头，泪水混着脏水，不停地从脸上往下滴，那种情景，让人看了十分揪心。

随着年龄的增长，男孩骨子里的自尊开始慢慢滋生。终于有一天，当一个白人中学生用满口脏话斥责他的父母时，忍无可忍的他，终于爆发了心中愤怒的小宇宙，他握紧了自己的小拳头。尽管年小力弱的他，拳头砸在别人身上软绵绵的，但却吹响了他迎接挑衅的号角。高出他一头的白人学生的拳头无情地落到他的头上。这次，他没有感到害怕，他高高仰起头，无畏地用自己所有力量去回击。白人学生害怕了，朝他扔了一块小石头，然后跑了。他感到自己脸上火辣辣的疼，用手一摸原来是血，那块石头击中了自己的额头。血顺着他的脸往下流，他也不去遮掩和擦拭。那一刻，他甚至有些高兴：原来自己身体里的血液也是鲜红的，和其他人一模一样，自己并不低贱。

那天晚上，他久久难眠，他觉得自己白天做了一件勇敢而伟大的事。他翻开一本故事书，看到了一个故事：在古老的战争年代，一个女人到沙漠中去探望军营中的丈夫。不久，丈夫被派出差，剩下她一人。看着满地的黄沙，孤苦难耐之下她给家里写信倾诉。父亲的回信只有一句话："两个人从监狱往外看，一个人低头看见烂泥，一个人抬头看见星星。"这个故事让这个懂事的少年眼前一亮：基因、肤色和环境也许无法改变，但你可以左右自己的心态和行动。他翻身下床，兴奋地在本子上写下了这样一段话："不怯懦，不绝望，用勇气面对现实，正视不公，迎接挑战，做真正的英雄和强者。"

从第二天起，他开始拼命地学习、拼命地奔跑、拼命地训练力量。他的个子就像戈壁滩上的小白杨一样，向上不断伸展，朝着梦想的方向。一起成长的还有他的勇气和智慧。直到有一天，他在电视上看到了高高跳起扣篮的"飞人"迈克尔·乔丹，他的内心有了一条笔直的人生道路。他疯狂地爱上了迈克尔·乔丹，爱上了23号，爱上了篮球，他的墙上贴满了"飞人"乔丹的海报。令人欣喜的是，14岁的他，身高就已经达到1.93米，肌肉也发育得十分强健。

接下来，他的人生翻开了另一页，写满辉煌与奇迹。在2002—2003年赛季当中，他带领俄亥俄州的圣文森·特圣玛丽高中篮球队取得25胜1负的惊人战绩，参加了四次高中联赛，三次获得州冠军，高中时的他就当选了美联社的"俄亥俄州篮球先生"，成为迄今为止唯一一个在高中时就引起全美关注的球员，是第一个被ESPN做人物专题介绍的高中球员，也是第一个在还没有进入NBA就拥有了一份天价赞助合同的球员，被誉为"联盟中50年难得一遇的旷世奇才"。在2006—2007年赛季当中，他率领骑士队一路杀入NBA总决赛；在2007—2008年赛季的季后赛，他率领骑士队打到东部半决赛，经过七番苦战最终憾负给总决赛冠军凯尔特人队。22岁的他，第四次入选了全明星阵容，并获得MVP，成为最年轻全明星赛最有价值球员。2009年，他荣登常规赛最有价值球员。他就是篮球王国里的小皇帝——勒布朗·詹姆斯，他的故事很萌很励志，那是"抬头看星星"的杰作。

我们要深信，每个人都是优秀的，都可以大胆地表现自己，把自己的亮点展现给大家。

在有趣的工作中享受人生的精彩，我想你会活力四射、充满热情，曾经的怯懦会消失得无影无踪，你会情不自禁地承认，自己已经跃入了强者的行列。

（2）气馁，是用沮丧的心境折磨自己

生活中不全是让我们笑逐颜开的日子，人生也不总是处处艳阳天，有时，困难和逆境总是如影随形地陪伴着你。相信自己，给自己一点儿鼓励，给自己一点儿掌声，你就会战胜困难和挫折，拥抱美好生活，战胜眼前的危机。

在法国北部的鲁昂市，有一个特别的小男孩，他从小便有与众不同的政治天赋，他在小学时就参加学校里面组织的演讲，许多老师说他天生好口才，加上相貌端庄，聪明伶俐，他一直担任班长。高中二年级时，他有幸负责新年晚会的文字准备与编辑工作，他将自己关在宿舍里好多天，闭门造车的结果是他整理出来一大堆无用的文字，无论是主持人的台词还是晚会的串词，都是漏洞百出。晚会的总导演法克先生要求学校教务处撤销他的编辑资格。这对于一个刚刚17岁的孩子来说，是一次不小的打击。然而，这个孩子思考片刻后，将自己重新关在宿舍里，这一次，他组织了两位同学，一个有着良好的声乐天赋，一个具有表演天才，两天两夜之后，他重新将整理好的文字放在总导演法克的

书案上。

　　法克先生正在为此事烦恼，因为晚会已经临近，短时间内无法找到合适的文字编撰人员，他试着写了几页，却感觉内容空洞。放在案头的文字似一道闪电，打开了法克先生的心门，法克先生一边看着，一边手舞足蹈起来，台词出类拔萃，串词惟妙惟肖，文字与整场演出相得益彰，十分恰合。法克先生的目光盯在组织者的名字上：弗朗索瓦·奥朗德。奥朗德在宿舍里模拟了整场晚会的全部节目，与两位同学一块儿锤炼语言，尽可能做到每句台词都逼真地反映现场的气氛。他以一个经典的传奇式的补救措施惊爆全校，学校通讯社认定他是个了不起的人才。

　　奥朗德大学毕业后，便踏入了政坛，开始只是个无名小卒，他擅长演讲，且极富煽动性，后来，从2001年开始，他一直担任法国社会党的领袖，2012年，他以社会党推荐候选人的身份与萨科齐一起角逐下一届法国总统。在竞选演讲中，他提出了"号召全民力量，振兴经济"的口号。2012年5月6日下午，在第二轮选举中，奥朗德击败了萨科齐，众望所归地成为法国新一任总统。

　　过去的事情就应该让它过去，让它在脑海里圆圆的画上一个句号，时刻告诫自己过去意味着结束。然而，你可以从过去的失误中找出症结，然后，想办法弥补，重新把它做好，切不可因一时失误，而气馁、畏缩不前。

不较真、不迷乱，过自在人生

为人处世，认真可以，但不可较真。如果太过较真，就会错失好多机会，也可能伤害一些人。"水至清则无鱼，人至察则无徒"，太较真了，就好比戴着放大镜观察生活，肉眼看着很干净的东西，放大镜下看到的都是细菌，那样会给自己的生活带来无数烦恼。

做人做事，专注是基础，但不可迷乱。专注的力量很大，它能把一个人的潜力发挥到极致，一旦达到那种状态，所有的精力将会集中到一点，这是人们获得成功的根本条件。因此，我们对待生活和工作的时候，要静下心来，专心致志，不迷醉于外界的喧嚣，这样才会有所收获，才有可能获得成功。

（1）做人很累，何必较真

有时候，生活就是说不清、道不明的，人生就是真真假假、是是非非的。如果你真要争个长短、对错，恐怕吃亏的是你。无论怎样，只要抱着一颗包容的心对待身边的人和事，我们就会过得快乐、开心。可是，在现实生活中，总有一些人喜欢与人较真，与人争个输赢，争个对错，结果给自己惹来了麻烦和祸害。因此，我们不必较真，这个世界本来就变幻不定，无从真实。不必和自己较真，人的精力是有限的；不必和他人较真，退一步海阔天空。

　　在意大利卡塔尼山的叙拉古郊外有一块墓碑，据考古学家认为，这可能是柏拉图为他的学生托比立的。碑上刻有碑文，大概的意思是这样的：托比从雅典去叙拉古游学，经过卡塔尼山时，发现了一只老虎。进城后，他说，卡塔尼山上有一只老虎。城里没有人相信他，因为从来就没人在卡塔尼山见过老虎。托比坚持说自己见到了老虎，并且是一只非常雄壮的虎。可是无论他怎么说，就是没人相信他。最后，托比只好说，那我带你们去看，如果见到了真正的虎，你们总该相信了吧？托比为了证实自己所言的真实性，就带领着人去了山上。这时，柏拉图的几个学生也跟着上山了。但是把整个山转遍了，连每一个角落也没放过，却连老虎的一根毫毛都没有发现。托比对天发誓，说他确实在这棵树下见到了一只老虎。跟去的人就说，你的眼睛肯定被魔鬼蒙住了，你还是不要说见到老虎了，不然城邦里的人会说，叙拉古来了一个不知天高地厚的谎言捏造者。托比很生气，他反问："我怎么会是一个撒谎的人呢？我真的见到了一只老虎。"

　　在接下来的日子里，较真的托比为了证明自己所言不虚，逢人便说他没有撒谎，他确实见到了老虎。可是说到最后，人们不仅见了他就躲，而且背后都叫他疯子。托比来叙拉古游学，本来是想成为一位有学问的人，现在却被认为是一个疯子和撒谎者。这实在让他不能忍受。他为了证明自己确实见到了老虎，在到达叙拉古的第10天，买了一支矛枪来到卡塔尼山，并扬言要找到那只老虎，并把那只老虎打死，带回叙拉古，让全城的人看看，他并没有说谎。可是，他这一去，就再也没有回来。

三天后，人们在山中发现一堆破碎的衣服和托比的一只脚。经城邦法官验证，他是被一只重量至少在500磅左右的老虎吃掉的。托比是没有撒谎，但是他为了跟人争个是非，结果把自己的性命也搭上了，这是多么可惜啊！如果他没有那么较真地向人们证明他是对的，或许就不会发生这种悲剧了。

在这个世界上，有很多事是无法预料的。我们只有遵守规律办事，才能避免悲剧的发生，无论是自然界的，还是人与人之间的交往，都是同样的道理。游戏人间也好，笑傲江湖也罢，何必较真，因为一切在历史的长河中都是过眼云烟，不值得为此破坏了自己的心情！不必凡事都要争个明白清楚，放下心中的那份固执，我们的生活或许会变得更加美好！

（2）守一方净土，过自在人生

在每个人面前，选择很多，诱惑也很多，但成功不会藏在繁华的泡沫里，也不会躲在灯红酒绿的喧嚣中。请你静下心来，去做一件事！只有静心地做事，身体才能找到正确的位置。只有头脑静下来，才能安心地做事。

　　被誉为"昆虫界的荷马"、"昆虫界的维吉尔"的法国著名昆虫学家、动物行为学家、作家——法布尔，出生于法国南部普罗旺斯圣莱昂的一户农家，他的童年是在离该村不远的马拉瓦尔祖父母家中度过的，乡间的那些可爱的昆虫深深地吸引着他。

　　成年后，法布尔发表了《节腹泥蜂习性观察记》，这篇论文赢得了法兰西研究院的赞誉，他被授予实验生理学奖。这期间，法布尔还将精力投入到对天然染色剂茜草或茜素的研究中去，当时法国士兵军裤上的红色，便来自于茜草粉末。贫穷的他，长年靠着中学教员的薪水维持一家人的生计，同时他还节衣缩食，省下一点点钱来扩充设备。功夫不负有心人，经过多年的努力，他获得了三项研究专利，应公共教育部长维克多·杜卢伊的邀请，负责一个成人夜校的组织与教学工作，但其自由的授课方式引起了一些人的不满。于是，他辞去了工作，携全家在奥朗日定居下来，并且一住就是十余年。在这十余年里，法布尔完成了《昆虫记》的第一卷。

　　真菌是法布尔的兴趣之一，他曾以沃克吕兹的真菌为主题写下许多精彩的学术文章。他对块菰的研究也十分详尽，并细致入微地描述了它的香味，美食家们声称能从真正的块菰中品出他笔下描述的所有滋味。

　　后来，他用好不容易积攒下的一笔钱，在小镇附近购得一处荒地上的老旧民宅，并用当地的普罗旺斯语给这个处所取了个风趣的雅号"荒石园"，使这里成了一座花草争艳、百虫汇聚的乐园，他开始过上了远离喧嚣纷攘的田园生活。这是一块荒芜的地方，但却是昆虫的乐园，除了可供家人居住外，那里还有他的书房、工作室和试验场，能让他安静地集中精力思考，全身心地投入到各种观察与实验中去，可以说这是他一直以来梦寐以求的天地。就是在这儿，法布尔一边进行观察和实验，一边整理前半生研究昆虫的观察笔记、实验记录和科学札记，完成了《昆虫记》的后九卷。

40多年里，法布尔深入到昆虫的生活之中，用田野实验的方法研究昆虫的本能、习性、劳动、交配、生育、死亡。蜘蛛、蜜蜂、螳螂、蝎子、蝉、甲虫、蟋蟀等皆成了他笔下的小精灵。他一边行走于生物世界，过着自由自在的生活，一边锲而不舍地观察和研究大自然的昆虫，直到生命的最后时刻。如今，这片土地已经成为博物馆，静静地座落在有着浓郁普罗旺斯风情的植物园中。

生活的喧嚣很容易让我们疲惫，也许品一杯淡茶，可以换回片刻的轻松；也许欣然接受生活的变化，固守自己心中那一片净土，可以体会到怡然自得的妙趣。

谦虚待人，才能高人一等

生活中，一个人若是过分地炫耀自己，只会招致他人的反感。只有谦虚一些做人，才能得到他人的信赖。因为只有当你谦虚的时候，别人才可能从心里接受你。因此，谦虚不仅仅是每个人应当具备的素质，更是一个人为人处世的力量。尤其是当你与他人进行交谈的时候，偶尔的一句"你能再给我详细地分析一下吗？""希望能够得到您的指教"……这些谦恭的话语，可以让对方认为你是一个有涵养、具有人情味的人，进而愿意与你走得更近，从而提高你办事成功的效率。

（1）谦虚做人，才能获得认可

人生在世，只有为人谦虚的人，才容易受到他人的欢迎。对于那些自视清高、孤傲自大的人，是很难得到他人的好评与欢迎的。因此，在日常生活中你必须养成谦虚待人的习惯，多一份谦虚，这样才能博得人们的支持，进而为自己的人脉积累打下坚实的基础。也只有当你以谦虚的态度去表达自己的观点或者看法时，才能减少一些冲突和误会，这样才更容易让自己的观点或者看法获得他人的认可。

大学毕业之后，李清到了一家国内知名的重工业企业工作，由于有着较高的学历，并且在面试时超常的发挥，很快，他便从上千名应聘者中脱颖而出，受到公司领导的重视。

在李清刚到公司的时候，其他同事都十分喜欢这位长相帅气、能力突出的小伙子。而且当时的李清在公司做着一份文职工作，对于其他同事并没有造成太大的威胁。不过，凭着自己出色的能力与出众的口才，李清很快便到了自己期望的部门——销售部。

到销售部工作之后，为了显示出自己的能力，李清时常会在办公室里极力强调自身所具有的优势。一次办公室某位同事的电脑出现问题正准备打电话给技术部，李清却自告奋勇，一边帮同事修理电脑，一边大声说道："就这么点小问题，还需要让技术部的人出面吗？我在大学的时候，可是兼修了计算机的，这些问题实在是太简单了。"

原来得到李清帮助的这位同事，还想着对他感谢一番，但是听到李清说出这样的话，同事感谢的话到了嘴边，却又咽了下去。之后，有同事的电脑出现了问题，都坚决不让李清帮忙。不过，对此李清并没有过多的想法，他依然在办公室里不断地展示自己的能力。慢慢地，同事们便不愿意与这样高傲的人交往了。

诸如李清这样的人，生活中时常可以见到。不少名牌院校毕业生，在刚刚步入职场时，心理上有着非常大的优越感。因此，他们常将自身定位得很高。不过，若想在职场中求得发展，你就必须遵循高调做事、低调做人这一原则。即使你确实比他人优秀，也只能在工作中积极表现；不管你多么自视清高，在与同事相处的过程中，都必须放下姿态，谦逊待人。若是你不懂得这些处世的技巧，即使你再有能力，恐怕也会受到其他人的排斥。

（2）不懂谦虚，你会失掉自己的威信

对于不懂谦虚的人来说，虽然他们有着敏捷的思维、良好的口才，但是通过他们的话语，便会让人感觉到狂妄。这些人总是太爱表现自己，总想让他人知道自己是一个很有能力的人，到处显示自己的优越感，以为这样做便可以得到他人的尊敬与认可。殊不知，一个不懂谦虚的人，往往会在自己的言语之间，失掉自己的威信。关于"龟兔赛跑"的故事，人们耳熟能详。身在职场，只有摒弃了兔子的骄傲，学习乌龟的谦虚，才能让自己高人一等、稳操胜算。因为谦虚不仅是一个人的优点所在，更是一个人具有高尚品德的表现。唯有谦虚才能为自己挣得好人缘。

刚走出校门的大学生，大多数都抱着远大的理想，但有一些大学生，过分自信，不懂得谦虚待人，下面故事中的唐玉便是这样的典型。

从小唐玉就有着非常好的学习成绩，大学期间，他的能力更是得到了迅速的提升，每门课成绩都相当突出。大学毕业后，唐玉非常顺利地来到现在所就职的公司上班，看着一些同学一直都没有找到适合的工作，拿着稳定收入的唐玉更加确信自己的能力。

在进入公司不久的一次新员工座谈会上，领导希望新加入到公司的员工能够在自己见习期间，多提一些意见与建议。听到这样的安排，唐玉觉得这是一个表现自己的大好时机，于是，在他加入公司不到一个月的时间里，便结合自己所学的专业，洋洋洒洒地写出了一份几十页的建议书。在这份建议书中，唐玉从部门的设置、工作流程、作息时间等多个方面，找出了公司制度所存在的弊病，并提出了相应的改进意见。

领导看到这份建议书后，在大会上表扬了唐玉，并给予了他极大的奖励。对此，唐玉并不以为然，他觉得自己乃名校高才生，管理理论上自然要比他人懂得多。不过，从那时起，唐玉对自己充满了信心。在日后的工作中锋芒毕露，他的表现使得周围的同事个个对他敬而远之。慢慢地，唐玉便失去了在公司的好人缘，而他所提出的建议，也没有对公司的发展起到任何的作用。

后来，唐玉由于无法忍受周围同事对自己的态度，在见习一年转正之后，便向老板提交了辞职信，离开了那家公司。

通过唐玉的故事，我们可以发现，身处职场，必须懂得谦虚，不可自以为是，锋芒太露，过分表现自己，否则你有可能招致别人的白眼和嫌弃，进而孤立自己，不利于拓展人脉。只有谦虚做事，才能给他人留下好的印象，让对方感觉到亲切，进而得到他的信赖。这样，对你的人际交往也有很大的帮助。

常怀感恩之心，生活就会充满爱

感恩之心就是对别人给予自己的帮助心存感激，它是一种内心善良的表现。不管你生活在什么地方，或是你的生活经历多么与众不同，只要你的胸中常常有一颗感恩的心，就会给自己的生活增添美好的色彩。

（1）播下感恩的种子，收获人生的希望

人生的幸福能及时抓到吗？能，只要你有一颗感恩的心。常怀感恩之心的人，可以给予别人更多的帮助和鼓励，他可以对落难或者绝处求生的人们伸出援助之手，这是何等的高尚和快乐。

有一天，一个猎人带着他的孩子上山打猎。父子俩做着一件习惯的事情，那就是去看昨天埋下的若干个夹子，这些夹子可以在动物踩上去的那一瞬间夹住它们的腿。猎人和他的孩子走到第一个夹子时，看到夹子上有动物的血迹，可惜只留下半条腿在夹子里，可能是挣扎后逃跑了。于是，猎人和儿子沿着血迹走去，正好走到了第二个夹子所在的位置，那个夹子上有一只肥嘟嘟的小白兔，它的左前腿被夹子紧紧夹住，

猎人一看，小白兔的旁边还静静地蜷着一只小灰兔，在它们的中间有一些吃剩的野果和果核。猎人非常高兴，因为他狩猎十多年了，第一次碰到"一箭双雕"的好事，于是他立刻解开包袱，拿出神锁，准备锁住小灰兔。正在这时，儿子指着地上的脚印，好奇地问道："爸爸，你看，好奇怪哦，兔子是长四条腿的小动物，可是为什么脚印分布是：左边的脚印是六个一组，而右边的脚印三个一组呢？是不是小灰兔受伤了？"猎人没有理睬孩子，只是俯下身去抓住小灰兔，忽然，他看见小灰兔的左前腿只有半截，腿上有好几处发黑的血瘀，还不断渗出一道道的血痕。他对小灰兔顿生怜悯之心，于是抱起小灰兔，顺着儿子手指的方向看去，只见小白兔也是伤痕累累，于是猎人闭眼长叹一声，弯腰放下手中的小灰兔，并轻轻地将小白兔的左腿从夹子里取出，用布将小白兔和小灰兔的伤口包扎好，然后带着孩子下山了。

猎人回到家后，把所有的狩猎工具都砸了，儿子迷惑不解地问："爸爸，为什么要砸掉所有的工具，难道我们以后不狩猎了吗？为什么不把小白兔和小灰兔带回家，我们的晚餐吃什么？"猎人摸着儿子的脑袋说："好孩子，今天的晚餐，我们可以先吃一些野菜充饥，以后我们再也不要打猎了！你想想，那对可爱的小兔子，他们相互扶持，多让人感动啊！第一个夹子把小灰兔的腿夹断了，小白兔就背着它回家。后来，小白兔自己的腿也被夹住了，动弹不得，小灰兔就用三条腿去找食物给小白兔吃，所以出现了左边六个脚印一组、右边三个脚印一组的状况。这些年来，我们一直靠着吃这些善良的兔子为生，想想多么不该啊！我们不能再残害它们了，而是要好好地感谢它们，至于以后的生活，我们完全可以种庄稼来生存啊。"

上面的故事中，小白兔和小灰兔都怀有一颗感恩的心，它们不仅在困境中相互帮助，还深深地感染了猎人，从而有幸逃脱了死亡的命运。感恩的心是一片熊熊的烈火，可以融化千里冰川；感恩的心是一弯清清的河水，可以滋润万亩荒漠；感恩的心是一张零存整取的存折，投入越多，利息越多，那是人生财富的源泉。

（2）对讨厌你的人感恩，他就是你的朋友

生活中，由于价值观不同，别人有时会对我们的行为不理解，甚至斥责讨厌我们。此刻，我们千万不可针锋相对，而要静下心来，认真观照一下自己的所作所为，即使我们的行为正确得无可挑剔，也应该把别人的不理解和仇视当作一次人生考验，我们应该怀着一颗感恩的心去看待、去接受。这样，我们就可以把讨厌自己的人变为朋友。

美国历史上有一位连任四届的总统，他就是富兰克林·罗斯福，这位著名的总统年轻的时候经历过很多的坎坷和挫折。他曾经把自己辛辛苦苦积攒了好多年的积蓄都投资在了一家小印刷厂里，他很想获得一份为议会印文件的工作，可是一直没有机会；更苦恼的是，有一个很有钱又很能干的议员非常讨厌富兰克林，曾经公开斥骂他。富兰克林意识到了这种情形，于是想办法让那个议员喜欢他。以下是富兰克林自叙获得那位议员的友谊的全过程：

"我听朋友说，这位议员有一个图书室，里面藏有一本非常特殊的图书，我就给他一封便笺，表示我急欲一睹为快，请求他把那本书借给我几天，好让我仔细地阅读一遍，好好吸收书中的精髓。那个议员立刻叫人把那本书给送来了。大概过了一个星期的时间，我把那本书还给他，还附上一封信，强烈地表示了我的感谢之意。于是，当我们在下次议会里相遇时，他居然主动跟我打招呼，他以前从来没有那样做过，并且这次打招呼极为有礼。自那以后，他随时乐意为我帮忙，于是我们变成很好的朋友。"

富兰克林打动他人的方法就是怀有一颗感恩的心，不因受到过打击记恨对方、排斥对方，而是想办法与对方走得更近，请求对方帮助自己，并虚心学习对方的优点，让对方在感动之余发现：你并不是我的敌人，而是我的朋友。富兰克林的经历告诉我们，如果我们给人以充分的尊重和友爱，那么就是敌人也会变成朋友。感恩之心是成功的基础，感恩让我们的人脉得以巩固。要对对手感恩，对手的刁难和挑剔，才使你得到了磨炼和考验，从而变得强大茁壮。

（3）感恩生活的不顺，你就是生活的赢家

当我们享受温暖的阳光、和煦的春风、清脆的鸟鸣、清澈的露珠，那些来自于大自然的馈赠，这一切都需要我们用一颗感恩的心去品尝、去体味。当我们历经了一次次日落月升，花开花谢，当我们承受了一次次风霜雨雪的侵袭，走过了一段段泥泞崎岖的小路，就会增添一份战

胜艰难困苦的勇气。而这一切，都需要我们用一颗感恩的心去微笑面对！懂得感恩，生活便会平添许多快乐，感恩的人才是生活的赢家。

史蒂文斯失业时，已经不是一个年轻的小伙子了。那是他在一家软件公司工作了八年之后的一天，这家公司突然倒闭，他这个老资格的程序员一下子被挤入了失业大军的行列，一切来得那么猝不及防，让他一点准备也没有。

史蒂文斯是一个心态沉稳、工作认真的男人，他一直以为能在这家公司做到退休，然后拿着丰厚的退休金颐养天年。那时的他，有一个温馨的家庭，他的第三个儿子刚刚降生，他感谢上帝的恩赐，同时意识到，作为丈夫和父亲，自己存在的最大意义，就是让妻子和孩子们过得更好。而实际上，他也做到了，因为他工作很勤奋，收入很可观。可是，他失业以后，生活变得乱糟糟的。他每天必做的事情就是投简历，然后等面试电话。一个月过去了，他没找到工作。他心急如焚，甚至想到干点别的什么来维持家庭的正常开销，可是，他这个专业程序员，除了编程，一无所长，其他方面，他没有任何竞争力。

他在沮丧中度过了一天又一天，终于等来了一个机会。他在报上看到一家软件公司要招聘程序员，待遇不错，他算了算，如果被录取，工资收入足够养活他的妻儿。他真的等不及了，没有发简历，没有打电话咨询，就直接揣着资料，满怀希望地赶到那家公司。那里应聘的人数超乎想象，很明显，竞争异常激烈。经过简单的交谈，公司通知他一个星期后参加笔试，这让他兴奋不已。在后来的笔试中，史蒂文斯凭着过硬的专业知识，轻松过关，公司又通知他两天后接受面试。他对面试满怀信心，他相信自己八年的工作经验让一般年轻小伙子望尘莫及，坚信面试不会有太大的问题。然而，考官的问题是关于软件业未来的发展方向，这些问题，他从未认真思考过，所以回答起来很吃力，让面试官很失望。

史蒂文斯知道自己没有希望去那家公司上班了，可是他对那家公司真的很仰慕。这家公司对软件业发展方向的分析令史蒂文斯耳目一新，虽然应聘失败，可他感觉收获不小，他觉得有必要给公司写封信，以表感谢之情。于是，他立即提笔写了一封与众不同的感谢信：

"尊敬的各位面试老师：你们好！贵公司花费人力、物力，为我提供了笔试、面试的机会。我虽然没有应聘上，但是这次应聘经历给了我一个重新认识自己的机会，让我大开眼界，真的是受益匪浅。非常感谢！"

在这封信里，落聘的人没有表现出任何不满的情绪，还给公司写来感谢信，真是闻所未闻。这封信在这家公司的领导层中传来传去。最后，这封信被送到总裁的办公室。总裁看了感谢信后，什么话也没有说，便把它锁进了自己的抽屉里。

几个月过去了，等到新年来临时，史蒂文斯收到一张精美的新年贺卡，这张贺卡是他上次应聘的公司寄来的，上面写着："尊敬的史蒂文斯先生，如果您愿意的话，请加入到我们当中，和我们共度新年。"原来，这家公司在新年来临之际，又有了招聘新人的计划，他们首先想到的是史蒂文斯。这家公司就是如今闻名世界的美国微软公司。在这家公司，史蒂文斯凭着出色的业绩，一直做到了集团副总裁的位置。

你是否因为生活的平平淡淡而忘却了世界的缤纷色彩？你是否因为人生的风风雨雨而忽略了天边的七色彩虹？你是否因为脚步的匆匆忙忙而错过了沿路的风景？请不要因为生活太过艰辛、工作太过劳碌，而丢弃那颗感恩的心！在这个世界上，我们要感谢的人很多，要感恩的事也很多。我们感恩父母的养育之恩，感恩老师的培育之恩，感恩朋友的理解之恩，感谢领导的知遇之恩。感恩人生，精彩不停！

读者反馈卡

尊敬的读者：

　　十分感谢您购买本书以及对本公司的大力支持。为能继续提供更符合您要求的优质图书，烦请您抽出点滴时间填写以下调查表并寄回，您的建议与意见将是我们不断前进的动力。我们会定期从有效回执中抽取幸运读者，寄送公司最新出版图书或其他精美礼品。

北京兴盛乐书刊发行有限责任公司

通讯地址：北京市朝阳区小营路 10 号阳明广场南楼 14A

邮政编码：100101

读者 QQ 群：292306095（兴盛乐书友会）

电子邮件：xslzbs@163.com

公司微博：@ 兴盛乐文化

公司网址：www.xslbook.net

1. 您了解本书是通过：
　　□书店　□网络　□报刊宣传　□朋友推荐
2. 您购得本书的渠道是：
　　□新华书店　□网上书城　□民营书店　□超市　□报刊亭
　　□其他_____
3. 您决定购买本书是因为：
　　□书名吸引　□内容吸引　□喜欢作者　□偶然购买
　　□朋友推荐　□其他_____

4. 您觉得本书的优点有：

□文笔好　□内容好　□封面漂亮　□排版舒服　□价格合理
□手感好　□其他_____

5. 您会向他人推荐或者谈论这本书吗？

□会　□不会　□偶尔会　□看看再决定　□其他_____

6. 了解本书之后，您会关注或购买公司其他图书吗？

□会　□不会　□偶尔会　□看看再决定　□其他_____

7. 您决定购买一本书的因素包括：

□内容　□封面　□书名　□朋友推荐　□媒体推荐　□作者
□其他_____

8. 您比较喜欢的阅读类型有：

□人文历史类　□财经类　□管理类　□励志类　□小说类
□纪实文学类　□传记类　□散文、随笔类　□女性、生活类
□亲子、育儿类　□科普类　□其他_____

9. 您觉得本书有何不足之处，您有何修改意见或建议？

_____

_____

10. 有没有您想读但市面上却没有的书？

_____

_____

您的姓名_____性别 _____年龄_____职业_____

邮政地址_____

邮政编码_____手机_____

E-MAIL_____

QQ_____微博_____